U0538240

天下 雜誌出版
CommonWealth
Mag. Publishing

克服**團隊領導**的5大障礙

洞悉人性、解決衝突的白金法則

The Five Dysfunctions of A Team
A Leadership Fable

BY Patrick Lencioni

派屈克・蘭奇歐尼──著
邱如美──譯

獻給爸爸，感謝您教會我工作的價值。
獻給媽媽，感謝您鼓勵我寫作。

目次

前言　7

| 第一篇 |　問題浮現

01　陷入困境　15
凱思琳空降決策科技執行長，沒有科技業經驗的她，
要如何整頓這間最會搞政治的新創公司？

02　點燃戰火　33
在為高階主管舉辦的外地研習中，
凱思琳指出阻礙決策科技團隊合作的五個重要問題。

03　汰舊換新　129
團隊改造計畫開始後，先是銷售主管辭職，
接著凱思琳解雇了行銷主管，她如何繼續保持團隊士氣？

04　向上提升　193
當決策科技的績效表現顯著提升、員工流動率也漸趨穩定時，
凱思琳展開了一項新的組織變革……

| 第二篇 |　邁向團隊合作

05　團隊合作的障礙　　　　　　　　　　211
06　診斷團隊的問題　　　　　　　　　　217
07　克服合作的 5 大障礙　　　　　　　　221

　　障礙 1：喪失信賴　　　　　　　　　　221
　　障礙 2：害怕衝突　　　　　　　　　　231
　　障礙 3：缺乏承諾　　　　　　　　　　237
　　障礙 4：規避責任　　　　　　　　　　245
　　障礙 5：忽視成果　　　　　　　　　　250

08　關鍵揭曉　　　　　　　　　　　　　257

後記：團隊合作的殊榮　　　　　　　　　261

致謝　　　　　　　　　　　　　　　　　263

前言

長保終極競爭優勢的祕訣，不在於財務、經營策略或是技術，而是團隊合作。團隊合作所產生的威力不但強大，更是難能可貴。

一位年營收十億美元的企業創辦人，曾對團隊合作的力量，提出貼切不過的描述：「如果能讓組織所有成員朝同一方向努力，就能稱霸任何產業；在市場中所向無敵、基業長青。」

每當我向一群領導人重述這一句格言時，聽者無不頻頻點頭，但是神情絕望無助。在領會箇中真諦的同時，他們似乎已不抱任何希望，認定實際上不可能辦到。

這也正是團隊合作難能可貴之處。雖然多年來團隊合作的議題備受學者、教練、教授及媒體關注，可是在大多數組織中，還是莫衷一是、困難重重。事實

上，團隊存在先天障礙；畢竟，它是由不完美的個人所組成。

但是，這不表示團隊合作注定不可行。其實，建立一支強有力的團隊不但做得到，做法也簡單易懂。唯一的困難，是做起來苦不堪言。

沒錯。就像人生其他課題，團隊合作的關鍵，在於知易行難。團隊要成功，前提是必須先克服人性軟弱的行為傾向，因為這些弱點會腐蝕團隊，並且滋長內部搞政治的風氣，造成組織機能障礙（dysfunction）。

這些準則是我致力建構領導理論的過程中，不經意的發現。事後證明，適用範疇也不僅止於團隊合作。

我在前幾年出版的第一本書《CEO 的五大誘惑》(*The Five Temptations of a CEO*)，探討領導人的五大行為陷阱，後來在我與企業領導人合作的實務經驗中，曾注意到有些人「誤把」書中的理論，拿去評估和改善領導團隊的表現，竟然也能奏效！

這讓我意識到,五大誘惑顯然不僅適用於個別領導人,略做修改後也能適用於團隊。甚至,這些準則不僅適用於企業內部,也適用於神職人員、教練、教師及其他行業。這也正是本書所要呈現的面貌。

　　跟前一本書一樣,本書一開始,也是一個情境寫實但純屬虛構的組織故事。根據經驗,我發現這種寫法能讓讀者融入故事情節,並與故事中人物形成關聯,因此有更好的學習效果。這也有助於讀者明白,如何在真實世界中運用這些準則。畢竟,現實環境中的工作步調和平日的種種干擾,往往會讓最簡單的任務,變得艱鉅萬分。

　　為了協助讀者在組織裡運用這些素材,我在故事之後特闢篇幅,詳細說明這五大障礙。其中還包括一份團隊評估和建議採用的工具,以克服可能使你感到困擾的團隊課題。

　　最後要強調,本書的立論依據,雖然是我個人與企業負責人及其高層團隊的合作經驗,其實也適用於公司裡的小主管、個別團隊成員,或任何對團隊合作

感興趣的人。無論你是何種角色或身分,誠摯期望本書能協助你的團隊克服障礙,達成個人單打獨鬥之下無法想像的豐碩成果——這也正是團隊合作真正的力量。

第一篇

問題浮現

凱思琳‧彼得森（Kathryn Petersen）的運氣真好！

只有一個人認為她是決策科技（DecisionTech, Inc.）新任執行長的適當人選，而這個人正好是董事長。

因此，前任執行長遭撤職還不到一個月，凱思琳就走馬上任。

她接掌的這家企業，兩年前還是矽谷最受矚目、資金雄厚且大有可為的新創企業。

凱思琳無法想像，這家公司竟然會失寵得這麼快；她更無法想像，往後幾個月，她會陷入什麼處境？

01

陷入困境

　　決策科技位於半月灣區（Half Moon Bay），是個緊臨舊金山灣、多霧、以沿海養殖業為主的小鎮。嚴格說來，它不屬於矽谷；但是，如果把矽谷從明確獨立的地理區域延伸，視為一個文化生活圈的話，毫無疑問，決策科技可算是那個世界的一分子。

　　決策科技擁有最有經驗、當然也最昂貴的高層團隊，看似無懈可擊的經營計劃，以及新創企業最垂涎的頂級投資人。即使最保守的創投公司，也在排隊等候投資機會；在公司租妥辦公室之前，已經有一大票

才華洋溢的工程師，遞上個人履歷。

但是，這幾乎是兩年前的事了，而這也幾乎是一般新創科技公司的起落寫照。公司開張，意氣風發幾個月後，開始經歷接踵而來的失望和挫敗。攸關重大的工作限期開始出差錯，少數重要員工突如其來地離職，士氣日漸消沈。儘管決策科技具備各種優勢，情勢卻每況愈下。

就在公司創業兩週年當天，董事會一致同意，「要求」年僅 30 歲、也是公司創辦人之一的執行長傑夫‧山力（Jeff Shanley）下台，接掌事業發展部門。更令人意外的是，傑夫為了保住公司將來公開上市時的龐大利益，竟然接受了這個降職安排。

事實上，即使矽谷正籠罩在不景氣的低迷氣氛中，決策科技的公開上市，仍然指日可待。

公司上下 150 位員工，沒有人對傑夫的調職感到震驚。雖然，大多數員工私底下滿喜歡他；但是在他領導下，公司內部狀況愈來愈讓人擔憂，也是不爭的事實。高階主管彼此暗地中傷，爾虞我詐成為一門藝

術。

高層團隊間根本談不上團結一心或同志情誼，久而久之，大家也就擺出事不關己的冷漠態度，責任感蕩然無存。再小的事情，似乎也得花很長的時間才能完成；就算做好了，也是紕漏百出。

有些企業的董事會或許會對頻出狀況的高層團隊靜觀其變，決策科技的董事會則不然。眼看公司就要因為內鬥而毀於一旦，代價實在太大、也太引人側目。決策科技在矽谷的響亮名號，已經變成是最會搞政治、也最不愉快的工作場所；董事會斷難忍受這樣的新聞輿論。更何況，不過一、兩年前，公司的前景還十分看好。

有人必須為這個混亂局面負責，而傑夫首當其衝。當董事會宣布將他撤職時，大家似乎都鬆了一口氣。

三週後，凱思琳被延攬，戰雲再起。

文化隔閡

關於凱思琳這個人選的最大問題出在哪裡，高階主管莫衷一是。因為問題太多了。

首先，她年紀太大。至少以矽谷的標準，57歲的凱思琳，稱得上是老古董。更重要的是，除了擔任過舊金山當地一家大型科技公司的董事，她沒有任何高科技方面的實務經驗。

凱思琳的事業生涯中，大半是在技術層次不高的企業，擔任生產作業方面的職務，其中最顯赫的東家，只是一家汽車製造商。

但是，比年齡或經驗更嚴重的問題，是凱思琳看上去就是跟決策科技的內部文化不搭調。

她的職場生涯始於軍中，丈夫是當地高中教師、兼任棒球隊教練。當三個兒子長大，自己也在中學教了幾年書後，凱思琳才發覺到自己對商業領域的興趣。

儘管當時已經37歲，凱思琳還是決定申請就讀為期三年的商學院夜間課程，並且提早一學期修完所

有課程。當然，她念的學校既不是哈佛、也不是史丹佛，只是普普通通的加州州立大學東灣分校（Cal State Hayward）。接下來的十五年，她全心投入製造業相關領域，一直到 54 歲退休為止。

事實上，對高層團隊而言，凱思琳的女性身分從來不是個問題，因為他們當中就有兩位女性。並且，在高科技的世界裡，很多人都有過在女性主管底下工作的經驗。因此，雖然團隊中有人對凱思琳的性別有意見，但她明顯的文化隔閡，才是爭議的焦點。

不容否認，純就資料來看，凱思琳是一位老派、藍領型主管，這也是她與決策科技中高階主管的明顯不同之處。這群主管極少有矽谷以外世界的工作經驗。有些主管甚至喜歡吹噓，打從大學畢業後，除了參加婚禮，從沒穿過西裝。

董事會成員最初看到她的履歷表時，也很懷疑董事長建議聘任凱思琳是否明智。但是，董事長最後還是解除了他們的疑慮。

一方面，董事會非常相信董事長，因為他拍胸保

證凱思琳必會馬到成功。其次，他向來以看人奇準著稱。儘管任用傑夫是個敗筆，但是董事們推斷，董事長不會一錯再錯。

　　但是，或許最重要、也沒有人願意公開承認的是，決策科技正處於生死存亡的關頭。董事長堅信，以公司目前傷痕累累的窘況，有能力又願意接手這個爛攤子的高階主管實在不多。他不容辯駁地據理力爭：「我們應該要感到慶幸，能請到像凱思琳這樣幹練的領導人。」

　　不管是否真的如此，董事長決意任用一個自己認識、也信任的人。當他電話告知凱思琳這個決定時，他萬萬想不到，才過幾個星期，就後悔做了這個決定。

情理之中

　　最驚訝的，莫過於凱思琳本人。她認識董事長多年，第一次見面，是因為丈夫是董事長長子中學時的棒球教練。她壓根兒沒想到，自己擔任高階主管的表

現,會如此受到賞識。

她與董事長的來往,主要是社交聯誼性質,總是與家庭、學校和地方上的體育活動有關。凱思琳以為,除了扮演母親和教練太太的角色之外,董事長應該對自己的生活了解有限。

事實上,多年來董事長一直饒有興味地觀察凱思琳的生涯發展,對她中年轉業而能夠有如此的成就,驚嘆不已。不到五年,凱思琳成為灣區唯一一家汽車製造商的營運主管,而那還是一家美日合資的汽車廠。將近十年的工作歷程中,她讓車廠成為全國最成功的跨國合資企業之一。董事長雖然對汽車產業所知不多,但很清楚凱思琳具有建立團隊的驚人天賦;因此深信,凱思琳是整頓決策科技的最佳人選。

怨聲載道

如果說,在宣布凱思琳的任命案之後,決策科技的高階主管有任何懷疑;她走馬上任的兩個星期後,這些主管的懷疑只增不減、甚至轉為憂心。

這倒不是凱思琳做了什麼引發爭議或失當的事，問題出在，她幾乎啥事也沒做。

除了上任第一天簡單的歡迎會，以及隨後個別接見每一位直屬部屬外，凱思琳幾乎所有時間都在走道上遊走，跟領導幹部聊天。同時，她盡可能參加各種會議，並默默觀察。最具爭議的是，她居然要求傑夫繼續主持每週例行的高階主管會議，而自己則坐在一旁聆聽、做筆記。

在最初幾週，凱思琳唯一而實際的行動，只宣布了一件事：接下來幾個月裡，公司將在納帕谷（Napa Valley），為高階主管舉辦一系列研習，每次為期兩天。這無異是雪上加霜。她的部屬個個瞠目結舌，無法相信當辦公室中有那麼多工作待辦時，她竟然會頭腦不清到要求他們離開辦公室這麼多天。

更糟糕的是，凱思琳在第一次研習會議，就拒絕採納會中提出的臨時動議。因為，她已經設定好這次研習的討論議程了。

連董事長都對凱思琳的最初表現和傳聞大感驚

訝，也開始擔心起來。他已有心理準備，如果凱思琳不能成功，他大概得跟著一起走路。而這個結局似乎指日可待。

默默觀察

　　觀察決策科技兩週後，凱思琳也不免自問，接下這份工作是否妥當。但是她心知肚明，自己不太可能拒絕這個機會。退休只會讓她徬徨不安，而且，她仍然鬥志高昂。

　　接掌決策科技當然是個挑戰，而且是極不尋常的挑戰。向來不怕失敗的凱思琳，想到可能會讓董事長失望，不免膽戰心驚。她大器晚成，親朋好友無不稱道。即使再有自信的人都不免戰戰兢兢，是否一世英名就這樣毀了。凱思琳當然也不例外。

　　經歷過軍中層層淬鍊、教養三個兒子長大成人、看過無數戰況激烈的棒球賽、也曾勇敢面對工會領袖，凱思琳決定，決不因為一群毫無威脅的時髦雅痞，輕言退縮。說實話，這些人至今遇到的最大苦

難，不過是如何對付開始微禿的前額、或是日漸變寬的腰圍。凱思琳相信，只要董事會給些時間和施展空間，自己一定能扭轉決策科技的頹勢。

凱思琳並不擔心自己在軟體領域經驗淺薄。她相信，這其實是個優勢。凱思琳大部分的部屬，因為沈溺在科技知識中，幾乎變得遲鈍無能；好像非得親自撰寫程式、做產品設計，公司才可能繁榮昌盛。

凱思琳知道，威爾許（Jack Welch）不必是製造烤麵包機的專家，照樣能讓奇異公司成功；凱勒赫（Herb Kelleher）也不一定要開了大半輩子飛機，才能建立起西南航空。撇開有限的科技背景，凱思琳自認，憑著對軟體和科技公司的了解，要領導決策科技走出目前的亂局，應該不是什麼難事。

然而，在接下這份工作時，她並不曉得，這家公司的高層團隊問題有多嚴重，這些人又會以哪些前所未見的方式挑戰她。

高層幕僚

決策科技的員工習慣稱高階主管為高層幕僚（the staff），沒有人認為他們是一支團隊。對此，凱思琳認為事情其來有自，絕非偶然。

凱思琳發現，這些高層幕僚的聰明才智毋庸置疑，學歷更是傲人；但是他們開會時的拙劣表現，甚至比汽車產業的情況還糟。在公開場合中，沒有人明顯表露敵意，討論時也不見硝煙；可是暗地裡，緊張對立的氣氛卻無處不在。結果每次開會都是議而不決，討論步調緩慢且枯燥，與會者很少真正交換意見。每個人彷彿只是無可奈何地等待會議結束。

雖說團隊整體的表現很差，如果把這些高層主管一個個分開來看，大都還算是通情達理的好人。當然，有少數例外。

▎傑夫：前任執行長，負責事業發展

傑夫基本上是個興趣廣泛的人，熱中在矽谷圈內建立人際網絡。公司當初能夠募得極為可觀的創業基

金,還可以找到目前的多位高階主管,他功勞不小。談到創業資本和人才招募,沒有人能否認他能力超強。至於管理,那就是另一回事了。

傑夫主持高層幕僚會議時,就像校園社團負責人,只能照著會議章程按表操課。每次開會前,他會印妥一份議程,會後則分發詳盡的會議紀錄。跟大多數科技公司不一樣的是,他主持的會議通常準時開始,也總是按預定時間結束,一秒不差。儘管會議好像從來沒有任何結果,他顯然也不以為意。

雖然被降職,傑夫仍保有董事的職位。凱思琳原本顧慮,傑夫可能會因為位子被搶走而懷恨在心,但是她很快就發現,傑夫對於被免除經營管理職權並不在意。傑夫繼續留在董事會或經營團隊一事,凱思琳其實不太擔心。她認為傑夫心地善良,對自己並無惡意。

米琪:市場行銷,品牌經營天才

市場行銷是決策科技的重要部門,而能擁有業界

競相網羅的行銷大將米琪,董事會更是欣喜若狂。畢竟,在矽谷圈內,米琪是相當知名的品牌經營天才。問題是,她的社交品行不及格。

開會時,她的話比別人多,偶爾也有令人拍案叫絕的點子,不過大多只是抱怨。最常聽到的抱怨是,和以前的工作經驗相比,決策科技的辦事方法有多差勁。她幾乎像個旁觀者。更貼切地說,她是新東家這個現實環境下的受害者。她從不曾與同僚公然爭辯,但是大家都知道,每當有人不同意她的行銷論點時,她的神情會有多不以為然。凱思琳認為,米琪並不清楚自己在別人心目中的形象,畢竟沒有人會告訴她。

儘管才華洋溢、成就斐然,米琪是高層幕僚中最不受歡迎的人。對此,凱思琳絲毫不感意外。唯一堪與匹敵的,只有馬汀這號人物。

馬汀:總工程師,技術守護者

身為公司創辦人之一,馬汀是決策科技在新創業界最重要的人力資產。他是公司旗艦產品的原始設計

人,再把實際商品化的研發工作交給其他人負責。儘管如此,高階主管往往表示,馬汀好比是皇室御寶的守護者。之所以會這樣說,某種程度上是因為馬汀是個英國人。

在對科技的了解上,馬汀自認是矽谷的先知。憑著柏克萊和劍橋等知名學府的高學歷,以及早先擔任過兩家科技公司總設計師的一系列成就,他被視為決策科技的重要競爭優勢,至少在人力資本上是如此。

跟米琪不一樣,馬汀不會擾亂高層幕僚會議。更確切地說,他人在心不在。他並不拒絕開會,因為連傑夫都不允許這種公然違抗的行為。只不過,他開會時總是帶著筆記型電腦,不斷查看電子郵件或專注做手邊的工作。唯有當其他人的陳述與事實不符時,馬汀才會紆尊降貴地表示意見,提出通常是挖苦人的尖刻批評。

一開始,馬汀的同僚覺得這還可容忍,甚至還滿有趣。何況,大家對他的聰明才智敬畏不已。長期下來,高層幕僚卻開始對這種情形感到困擾。隨著公司

近來面臨困境，很多人對馬汀的嘲諷愈來愈受不了，這甚至已成了許多人的挫折來源。

▌ 小傑：產品銷售，業務老戰將

為了避免和前任執行長傑夫・山力混淆，大家都稱呼銷售部門的領導人為小傑。小傑真正的名字是傑夫・羅林（Jeff Rawlins）；不過，他好像還滿喜歡這個新名字。小傑是個經驗豐富的銷售人員，年紀比其他人大一點，45 歲上下。他的皮膚黝亮，從不粗魯無禮，對高層幕僚的要求也總是來者不拒。

頭痛的是，小傑做事很少有始有終。遇到這種情況，他會老實承認難以兌現承諾，不論讓誰失望，他總會一再致歉。

看在小傑過去的豐功偉業分上，不管高層幕僚覺得他有多古怪，對他至少還保有些許敬意。加入決策科技前，在小傑的銷售生涯中，從來沒有發生過達不到業績目標的狀況。

▌卡洛斯：顧客服務，耐操又可靠

董事會很早就認定，即使決策科技的顧客還不多，公司需要儘早投資顧客服務，好為業務成長預做準備。卡洛斯在先前任職的兩家公司曾與米琪共事，並且經由她的引介進入決策科技。諷刺的是，兩人的行事風格有如天壤之別。

卡洛斯不多話，但是只要開口，一定是重要且具建設性的意見。他在開會時專心聆聽，工作時間長且毫無怨言。還有，每當有人問到他先前的成就時，他總是輕描淡寫。在高層幕僚中，如果要找個耐操又值得信賴的成員，那就非卡洛斯莫屬。

凱思琳的困擾是，卡洛斯還沒有充分發揮他的角色；但是，她至少很感激新部屬中有人不需要操心。事實上，卡洛斯樂於填補空缺，擔負品管和其他不搶手的工作；這使凱思琳能把心思放在解決更迫切的事情上面。

珍：財務長，重視細節

在決策科技，財務長的角色一向攸關重大，一旦公司準備公開上市，這個職務的重要性更是只增不減。當初加入這家公司時，珍就很清楚自己的工作處境，並且在傑夫向創投家和其他投資人募得可觀資金上，成功扮演重要的支援角色。

珍是個重視細節的人。她對自己在科技產業的知識感到自豪，並且把公司的錢看成是自己的一樣，錙銖必較。董事會之所以會敢大膽賦予傑夫和高層幕僚充分的開支自主權，就是因為深知珍不會讓情況失控。

尼克：營運長，資歷亮眼

高階主管中，最後一位成員的資歷最亮眼。尼克曾經是中西部一家大型電腦製造商的生產營運副總裁，為了決策科技的工作，全家搬到加州。不幸的是，他在整個團隊中的角色定位最模糊。

尼克在名義上是營運長，但是，這個頭銜只是當

初他同意加入決策科技的一個條件。傑夫和董事會允諾的原因,是因為相信如果尼克的表現與身價相符,一年之內他就會實至名歸。更重要的是,他們對雇用明星級高階主管情有獨鍾,如果錯失尼克,會讓公司的勝算大打折扣。

相較於公司草創時的意氣風發,尼克是所有高層幕僚中,受到公司起落影響最直接的人。當初,考量傑夫有限的管理經驗,尼克被請來帶動決策科技的成長,這包括建立一套營運制度、在全球各地開設辦事處,以及領導公司的併購和整合工作。然而,他大部分的權責目前都暫時按兵不動,因此根本沒有太多事情可做。

即使現況這麼不樂觀,尼克並未公開抱怨。相反地,他努力經營與每位同僚的關係,哪怕只是泛泛之交也好。私底下,尼克認為這些人的能力遠不如己,自認為是公司裡唯一夠格擔任執行長的高階主管。當然,他從不曾對任何同僚吐露心思。但是,尼克的想法很快就變得昭然若揭。

02

點燃戰火

　　凱思琳上任至今已有一段日子。有一天，她收到一封看似到任後就經常收到的電子郵件。郵件主旨是平淡無奇的「下週的客戶良機」，發信人還是正派、嚴苛的總工程師馬汀。然而，短短的留言，隱藏著無限殺傷力。

　　這封郵件並非發給特定的某個人，而是全體高層幕僚，目的是掩飾煽風點火的潛在威力：

剛接到艾斯製造公司（ASA Manufacturing）

來電,表示有興趣評估我們的產品,考慮下一季下單採購。小傑和我準備下週和他們會面。成功機會很大。我們會在星期二清早回來。

信中,馬汀絕口不提這次出差會和既定的高層幕僚研習時間衝突,而這只會讓凱思琳處理起來更棘手。他不打算參加外地研習頭一天半的活動,也並未徵求凱思琳同意。或許他覺得無此必要,也可能根本不想處理這個問題。至於對凱思琳而言,哪一個才是實情,已經沒有什麼差別。

首次衝突

她按捺下盛怒中回信的衝動,避開與馬汀正面衝突。她認為這是身為執行長首次面臨嚴峻考驗的時刻。她也知道,在這樣的緊要關頭,事情最好當面解決。

凱思琳發現馬汀正在辦公室裡看電子郵件。他背對敞開的門坐著,凱思琳還是堅定地敲了門。

「馬汀，對不起，有事打擾一下，」凱思琳等馬汀緩緩回過身，然後開口，「我剛剛看了你傳來的有關艾斯製造的電子郵件。」

他點點頭。她繼續說：「那是個大好消息。但是，因為外地研習的緣故，我們得商量一下，把約定見面的時間往後延幾天。」

馬汀先是不發一語，氣氛一時頗為尷尬。接著，他以不帶感情、但有著濃濃英國腔的語調回答：「我想你還沒搞清楚狀況。這可是一次推銷業務的大好機會，而不只是重新安排日期的問題……」

凱思琳打斷馬汀，就事論事：「不，我很清楚。但是，我認為下週二以後，還是一樣可以跟他們討論生意。」

不習慣直接碰釘子的馬汀，顯得有點惱火：「如果妳重視的是納帕研習這檔事，那麼，我想，我們的優先順序可能有點不一樣。我可是非要去談這筆生意不可。」

凱思琳吸了一口氣、露出微笑，以隱藏心中的挫

折感。「首先,就這件事而言,需要放在第一位的只有一件事:我們需要像一個團隊,行動一致,否則公司將賣不出任何東西。」

馬汀沈默不語。

過了令人尷尬的五秒鐘,凱思琳做了個結語:「就這樣了,下週納帕見。」她轉身離開,隨即又再回過身來面對馬汀:「喔,如果你在重新安排與艾斯製造的會議時需要任何幫忙,請跟我說一聲。我認識那家公司的執行長鮑柏‧田尼森(Bob Tennyson)。他和我都是崔尼緹公司(Trinity)的董事,而且他還欠我一次人情。」

話一說完,凱思琳就走出辦公室。馬汀決定暫時收兵,但是這場仗還沒打完。

迂迴戰術

隔天早上,傑夫走進凱思琳辦公室,邀她共進午餐。凱思琳原本已安排好那段時間要外出辦事,但是為了配合部屬,她願意改變行程。傑夫認為,要談尖

銳棘手的話題，半月灣歷史悠久的墨西哥餐廳最合適，因為用餐的客人多半是當地居民。

在傑夫開始進入主題之前，凱思琳先表明對彼此關係的立場：「傑夫，我要謝謝你，在過去兩週領導高層幕僚會議，讓我能坐在一旁觀察。」

傑夫禮貌地點點頭，接受她無關緊要但由衷的感激之情。

她繼續說：「下週外地研習過後，我就會接手。但是，我希望你在會議過程中，仍像其他同事一樣全心參與，不要置身事外。」

傑夫點點頭，「我想那不是問題。」停頓一下後，傑夫鼓起勇氣，說出邀請凱思琳共進午餐的主要用意。他緊張地放下手中的刀叉，「既然妳提到外地研習，我想問一個問題。」

「儘管問吧，」傑夫的局促不安逗得凱思琳想笑。但是，因為已預料到傑夫的問題跟她和馬汀的爭執有關，她於是表現得沈著且自信。

「呃，昨天下班的時候，我在停車場和馬汀談了

一下，」他停頓了一會，希望凱思琳插話，直接切入主題。然而她並沒有反應，傑夫只好繼續講下去：「呃，他告訴我有關與艾斯製造的會議和外地研習行程衝突的事情。」

傑夫再次停頓了一下，期盼新老闆行行好，打斷他的話。這次，凱思琳插嘴了，但只是鼓勵他繼續說下去：「還有呢？」

傑夫嚥了口口水。「唔，他相信，坦白說我也同意，客戶會議比內部會議更重要。因此，如果他和小傑錯過一、兩天的外地研習，應該不是問題。」

凱思琳字字斟酌：「傑夫，我了解你的看法，而且，因為你當面說出來，我也不會怪你。」

傑夫顯然鬆了一口氣，只是，緊張的情緒立刻又被挑起。因為凱思琳接下來說的是：「問題是，我是被請來讓公司有效運作的，而現在看來，情況並非如此。」

不知該表現得謙恭或氣憤，傑夫的表情尷尬無比，因此凱思琳耐心地解釋：「我無意批評你的作

為，因為在我看來，沒有人比你更關心公司。」這句話滿足了傑夫的虛榮心。凱思琳接著說到重點：「但是，從團隊的角度看，我們是一盤散沙。更重要的是，一次銷售會議不會真正影響公司的未來，至少在我們整頓好眼前的領導問題之前是如此。」

在無法判斷凱思琳真正的想法前，傑夫感覺此刻再做任何爭辯非但無益，還可能妨礙個人前途。於是，他點點頭，好像在說，好吧，就看妳要怎麼辦了。兩人接著又閒聊了幾句，並以半月灣餐館客人有史以來最快的速度吃完午餐，然後回到辦公室。

完全授權

和傑夫的一席談話並沒讓凱思琳憂心，因為幕僚對馬汀事件的強烈反彈，早在預料當中。她沒想到的是，董事長也是反應強烈的人之一。

當晚，董事長打電話到凱思琳家，她原本以為他是來表達支持。

「我剛剛跟傑夫通過電話，」董事長和善地說。

「那麼，我猜，你聽到關於我和馬汀槓上的事。」

凱思琳幽默且自信的態度，逼使董事長語調轉為嚴肅：「是的，我是有點擔心這件事。」

突如其來的變化，令凱思琳措手不及。「真的嗎？」

「唉，凱思琳，你知道我並不想要告訴妳，該怎麼處理這件事情；但是，在妳破釜沈舟前，也許應該先預留退路。」

凱思琳沈默了片刻才答腔。儘管前一刻才對董事長的擔心大感驚訝，此刻她已平靜得出奇，並且轉換成執行長的語氣：「好吧，我等下說的，絕無辯解或冒犯之意。」

「我了解，凱思琳。」

「很好，因為我不準備拐彎抹角──特別是對你。」

「我很感激。」

「先別這麼說，也許等你聽了我要說的話，就感激不起來了。」

電話的那端,董事長勉強哈哈一笑。「好吧,讓我先坐下來。」

「第一,別認為我只是任意放火,好等著被炒魷魚。過去兩週,我一直在觀察這些人,我正在進行的每件事情,以及準備要做的,都其來有自。我修理馬汀,絕非出於一時興起。」

「我曉得,只不過⋯⋯」

凱思琳禮貌地插嘴:「請聽我把話說完。這十分重要。」

「好吧。」

「此時此刻,如果你知道如何救這家公司,你就不需要我了,對吧?」

「沒錯。」

「我想你了解,我是真心誠意地感激你對公司的關心,並且,我也知道,你是對雙方都出於好意才會這麼做。但是,基於你這通電話,我必須要說,你的這番好意,對公司的傷害遠勝過協助。」

「我很抱歉,但是,我不懂妳的意思。」

凱思琳逕自講下去：「你看，過去一年半裡，你一直很積極協助這個團隊的成員。你的熱心是大多數董事會主席做不到的，你也看到這個團隊的表現急劇惡化，甚至陷入障礙和紊亂。這也是為什麼你會找我來帶領他們走出困境，對不對？」

「沒錯，這正是我想要的。」

「那麼，我要問個問題：你是否準備接受由我達成這個任務的一切後果？」就在董事長要脫口而出之際，她攔住他，「先不要立刻回答我，想一下。」

在繼續講下去之前，她把這個問題先放在一旁。「完全授權絕不是件容易的事。或者應該說，非常不容易。不管是對公司、對高層主管、對我、乃至於你，都是如此。」

董事長沈默不語，克制著向她保證準備提供一切協助的衝動。

凱思琳打破他的沈默，繼續坦率直言：「你可能聽我丈夫說過，一支分崩離析的團隊，就像骨折了的手臂或腿，矯治起來很痛苦。因為，有時為了讓它正

確癒合，甚至必須再折斷一次。而第二次骨折的痛，又會比原先斷肢更嚴重，因為那是你刻意的舉動。」

又是一段長時間的沈默。董事長終於開口：「好吧，凱思琳，我接受妳的說法。儘管放手去做。我不干預。」

凱思琳聽得出來，這次，他是認真的。

董事長接著說：「我想問最後一個問題：這個團隊得重新矯治到什麼程度？」

「月底前，我應該就會知道了，」凱思琳回答。

展開計畫

凱思琳選擇納帕谷舉辦外地研習，是因為距離公司恰到好處；近到足可免除昂貴又費時的旅途，但是又有出城的感覺。並且，不管去過多少回，總是能讓人放慢步調、輕鬆起來。

研習地點就在楊特維爾鎮（Yountville）的一家小旅館。凱思琳喜歡這家旅館，一方面因為它在淡季價格公道，另一方面因為這裡剛好有一間舒適的大會議

室。會議室位在二樓,有獨立使用的陽台,還能眺望廣達幾英畝的葡萄園。

會議預定上午9點開始,這表示大多數團隊成員必須一早就從家裡出發,才能準時抵達。到了8點45分,團隊成員一一抵達,忙著在櫃台寄放行李,並且被安排在會議桌就座。唯獨不見馬汀的身影。

雖然沒有人提到馬汀,但是頻頻看手錶的動作透露,大家都在納悶他是否會準時出現。連凱思琳都被這種氣氛感染,開始緊張起來。

凱思琳當然不希望,會議一開始,就得先斥責某人遲到。剎那間,她心中掠過一陣恐慌。如果馬汀最後真的沒有出現,要如何處理是好?不能因為馬汀沒能參加一次會議就開除他,不是嗎?自己應該也還沒有足夠的政治資本,來對抗董事會吧?問題是,這個傢伙究竟有多重要?

8點59分,馬汀走進門來,凱思琳悄悄地鬆了一口氣,並且暗自責備自己多慮。她同時也鬆了另一口氣,因為憋了將近一個月的領導計劃,總算要展開

了。雖然凱思琳不知道，圍坐會議桌的這些人接下來會出什麼狀況；但是她很清楚，此刻的緊繃局勢帶來的刺激感，正是她喜愛擔任領導人的一大原因。

局勢緊繃

馬汀就著會議桌尾端僅剩的一張椅子坐下來，正好面對凱思琳。才坐定，他就拿出筆記型電腦，擺上桌面，只差還沒開機。

凱思琳決定凝聚大家的注意力，因此先對部屬微微一笑，然後心平氣和且得體地開口說：「大家早。我想在活動展開前，先說幾句話。接下來的幾天，你們還會反覆聽到這些話。」

在座的人似乎並未察覺凱思琳語氣的認真。

「我們擁有比競爭對手更有經驗、更多才華的高層團隊。我們的資金也比較寬裕。感謝馬汀和他的團隊，讓我們具備更優異的核心技術。我們也有比對手更堅強的董事會。然而，儘管如此，我們仍在營收和客戶成長這兩方面，落後兩個競爭對手。在座有誰能

夠告訴我,為什麼會如此?」

全場鴉雀無聲。

凱思琳繼續講下去,語氣仍像一開始那樣誠摯親切。「在會見了董事會每位成員、花時間與你們個別相處、接著也跟大部分員工談過後,我很清楚看到我們的問題所在。」在點出結論前,她停頓了一下。「我們並沒有像團隊一樣有效運作。事實上,我們的團隊有嚴重的障礙。」

幾位幕僚成員把目光投向傑夫,想看看他會有什麼反應。他的表現還算正常,但是凱思琳注意到,會場瀰漫著緊張的氣氛。

「我這麼說,不是要傑夫或特定個人負責。我只是陳述一個事實,一個我們將在往後幾天著手解決的問題。沒錯,我知道,你們對這個月必須放下辦公室的工作、在這裡開兩天的會,感覺很荒唐而且不可思議。但是,等到全部活動結束,仍在這裡的人都會了解,這樣做的重要性。」

最後一句話明顯引起大家的注意。

「沒錯。我想先把話講在前頭，決策科技在未來幾個月將經歷一些變革，在座的某些人很可能無法看到蛻變而成的新模樣。我不是威脅恐嚇，也不會使出激烈手段，心中更沒有針對特定的任何人。它只是實際上可能的結果，並且是躲不掉的。我們全都是公司成功的可貴資產，但是，如果公司和團隊必須這麼做才能有出路，任何人的離開也不會就是世界末日。」

凱思琳起身走向白板，小心避免給人傲慢或自大的感覺。「我向在場對這一切感到疑惑的人保證，即將進行的每件事只跟一件事情有關：讓這家公司成功。大家來到這裡，當然也不是為了在森林裡你追我跑。」

幾位幕僚輕聲笑出來。

「我們當然也不會手牽手、唱歌或脫光衣服。」

馬汀的嘴角浮出笑意，其他人則縱聲大笑。

「我保證，大家到這裡參加這次外地研習，以及回到公司後的所作所為，理由只有一個：達成成果。我認為，這是唯一真正衡量任何團隊的標準，它也將

是我們今天做每一件事情的重點。根據我的經驗，明年和後年，我們將可以回頭檢討營收成長、獲利能力、客戶的維持及滿意度，如果市場條件有利的話，甚至可能股票上市。但是，我也可以向各位保證，如果沒有解決阻礙我們像團隊般一致行動的種種問題，前面說的沒有一項會實現。」

凱思琳停頓一下，讓每個人領會她簡單易懂的道理，然後再繼續：「因此，我們要如何著手進行這件事情呢？根據我多年來獲得的結論，團隊之所以出現障礙，有五個原因。」

她接下來在白板上畫了一個三角形，並且用四條平行線分隔成五部分。

然後，凱思琳轉身面對大家。「在往後兩天的課程中，我們要填滿這個模型，一次處理一個層級的問題。你們也會立刻發現，這當中無一是深奧學問。事實上，它的道理看來簡單易懂。訣竅在於能不能付諸行動。」

「現在，我想從第一個障礙開始：**喪失信賴**

```
        /\
       /  \
      /----\
     /      \
    /--------\
   /          \
  /------------\
 /    喪失信賴    \
/_____\
```

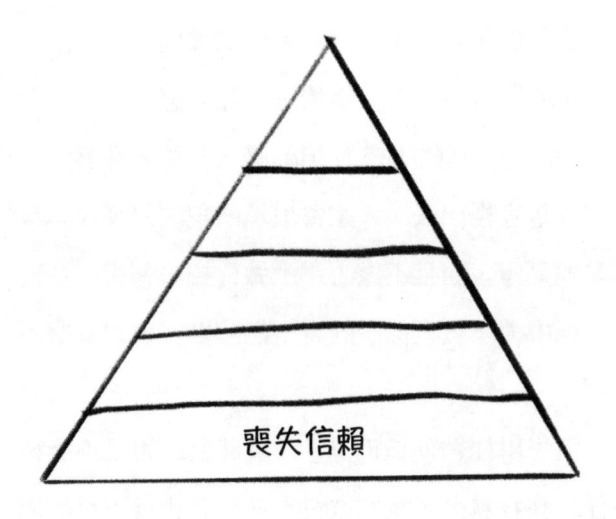

（absence of trust）。」她轉身，在三角形底部寫下這個詞。

　　幕僚們默念著這幾個字，大多數人皺眉頭的表情，好像在說，就只有這樣而已嗎？

　　凱思琳對這樣的反應早已習以為常，因此直接繼續說：「信賴是團隊合作真正的基礎。因此，團隊的第一個障礙，是成員之間無法相互了解和坦誠開放。如果這聽起來有點像男女間的情話，請讓我解釋，因為這可是很嚴肅的議題，也是建立團隊的關鍵。事實

上,還可能是建立團隊時最重要的課題。」

房間裡有些人的表情依然充滿疑惑。

「偉大的團隊不會互相隱瞞,」凱思琳說,「也不怕醜事宣揚出去。大家會坦承所犯的錯誤、本身的弱點與憂慮,而且不擔心這麼做會招來報復。」

場中大多數人似乎同意這個論點,但是反應不太熱烈。

凱思琳繼續侃侃而談:「事實上,如果不能彼此信任,在我看來,我們就沒有做到、也就不可能成為達成最終目標的團隊。因此,這是我們首先要全力以赴的重點。」

開啟對話

房間裡一片寂靜,直到珍舉手。

凱思琳笑了。「我或許當過學校老師,但是,發言不必先舉手。請自由發言。」

珍點點頭並提出問題:「我不是要潑冷水或唱反調,我只是納悶,為什麼妳會認為我們彼此不信任。

有沒有可能，其實問題出在妳對我們不夠了解？」

凱思琳停頓了一下，思索著這個問題，希望提出一個沒有語病的回答。「嗯，珍，我是根據很多材料才做出這個評斷。這裡面包括來自董事會、員工、甚至你們當中很多人的具體說法。」

珍似乎滿意這個回答，但是，凱思琳決定乘勝追擊。「但是我必須說，撇開其他人怎麼說，我在這裡親眼看到的信任問題是，幕僚會議和團隊成員的互動中缺乏辯論。這一點，我不想操之過急，因為這在整個模型中，是另一個獨立的問題。」

尼克卻緊咬這個問題：「但是，那不代表我們之間就缺乏信任吧，不是嗎？」尼克的語氣與其說是提問題，還不如說是陳述意見。房間裡每一個人，包括馬汀和米琪，注意力都集中在凱思琳怎麼回答。

「當然，我想這裡面沒有必然關係。」

聽到自己的意見被肯定，尼克一時顯得洋洋自得。

可是凱思琳的話還沒說完。「理論上，如果大家

看法、步伐一致，朝同一目標前進、不忙不亂，那麼，我假定缺乏辯論可以算是一個好的跡象。」

成員中有人開始靦腆地笑著，因為他們的情況肯定與這個描述不吻合。尼克的得意也消失了。

凱思琳接下來的解釋，矛頭指向了他。「我必須說，觀察至今，我發現凡是高度有效率的團隊，都有相當多的辯論。即使最能互相信賴的團隊，也常做激烈論戰。」時機一到，她對在座其他人丟出同樣的問題：「你們為什麼認為，這個團隊的成員之間，應該避免激烈的討論或辯論？」

一開始，沒人答腔。接著，米琪低聲咕噥了幾句。

「對不起，米琪。我聽不到妳說的話。」凱思琳竭盡所能隱藏她對冷言冷語的反感，那正是她帶過七年級學生所培養出來的能耐。

米琪發言澄清，這次音量加大了。「沒有充分的時間。我認為我們大家都太忙，根本不可能花時間辯論一些比較不重要的問題。我們全副精力都用來埋頭

工作。」

其他人似乎不贊同，但是凱思琳懷疑會有人敢挑戰米琪。正當她準備自己上場時，傑夫試探性地提出了意見。「米琪，在這一點上我們可能看法不盡相同。我不認為我們沒有辯論的時間。我認為我們只是不習慣彼此挑戰。我也不太清楚原因何在。」

米琪馬上回應：「或許是因為我們的會議總是一板一眼、枯燥無趣。」

凱思琳的母性讓她想介入幫助傑夫，一方面也是為了回報他勇敢挑戰米琪。但是，她決定順其自然。

一陣沈默之後，卡洛斯很斯文地插話進來，他的意見並非針對米琪，而是帶有代表整個團隊做評論的味道。「我同意，會議一直都很無趣，議題也總是排得有點太滿。但是，我們原本可以對彼此做更多挑戰。我們確實並非每件事情都意見一致。」

尼克大聲回應：「我就不認為我們在這件事情上意見一致。」

大家都笑了，除了馬汀。他已經打開筆記型電

腦,啟動電源。

凱思琳也加入活潑熱鬧的對話。「所以說,你們在大多數事情上意見不一,並且還不願意承認自己有問題。我雖然不是心理學博士,但是如果我聽的沒錯,這本身就是一個信任的問題。」這句話贏得在座少數人點頭贊同,讓凱思琳感激不已,就像一個饑腸轆轆的人,被賞了幾口麵包。

然後,鍵盤的聲音響起。完全置身事外的馬汀,就像個專心的電腦工程師,埋頭在鍵盤上敲敲打打。受到這個聲響吸引,房間裡每個人瞬間全都朝馬汀看去,由先前對話所激發的動力,幾乎熄火。

打從觀察第一次幕僚會議開始,凱思琳就期待但也害怕這個時刻。雖說她極力想避免,尤其是這麼一早,就與馬汀再次正面衝突,可是她不會錯失這個機會。

迎難而上

會議室的緊張氣氛開始升高,凱思琳看著桌子另

一頭正埋頭打字的馬汀。沒有人認為凱思琳會開口講什麼。可是他們錯了。

「對不起，馬汀。」

馬汀停止打字，抬頭回應他的老闆。

「你在忙什麼？」凱思琳盡力表現得很誠懇，不帶一點諷刺。

室內空氣頓時凍結，每個人都急切地等待，過去兩年來他們也一直感到疑惑的答案。

馬汀一開始似乎無意回答，然後勉強補上一句，「哦，我只是在記筆記。」說完後又繼續低頭打字。

凱思琳還是心平氣和，語氣從容不迫：「我想，這是一次很好的機會，談談我們外地研習和往後開會的基本規範。」

馬汀從電腦螢幕前抬起頭來，但是凱思琳不管他，繼續對著整個團隊提出看法。「關於開會，我的規定不多。但是，有幾點我要堅持執行。」

每個人都等著她公布答案。

「基本上，我希望你們都能做到兩件事：務必出

席和參與。也就是說,每個人必須全心參與討論每個議題。」

即使是馬汀,這時也懂得識時務稍作退讓。他用一種帶點和解味道的語氣發問,而這已經是其他團隊成員難得從這位大科學家口中聽到的了。「要是討論的內容不是跟每個人都有關怎麼辦?有時候,我們談的問題似乎最好另排時間,單獨面對面地談。」

「這個意見很好,」凱思琳立刻對馬汀釋出善意,「如果往後出現這種情況,有人認為我們在浪費團隊的時間、討論應該在會後處理的問題,那麼在座的每一位,應該隨時提出來。」

馬汀似乎很滿意凱思琳同意他的提議。

凱思琳繼續講下去:「但是,對其他的事情,我希望每個人全心投入。還有,馬汀,雖然我了解有人寧可用電腦,而不用筆記本,就像你一樣,可是我覺得電腦太容易讓人分心。一個人坐在那裡,是在查看電子郵件或做其他事情,其實很容易分辨。」

無論馬汀是否需要,米琪決定聲援馬汀:「凱思

琳，恕我直言，妳不曾在高科技文化中工作過，這在電腦軟體公司其實很常見。我的意思是，或許在汽車業不是如此，但是⋯⋯」

凱思琳禮貌地打斷她的話：「事實上，這在汽車業也很常見。之前我也遇過同樣的問題。與其說這是個科技的問題，還不如說是行為舉止的問題。」

傑夫點頭微笑，好像在說，答得好。馬汀隨即闔上筆記型電腦，放進袋子裡。好幾位幕僚目瞪口呆地看著凱思琳，彷彿她剛剛說服了一個銀行搶匪主動繳械。

要是那天接下來的時間都能如此輕鬆，該有多好。

坦誠相對

凱思琳知道，她即將開始這次研習的關鍵部分，或許一擊不中，但至少會掌握到一些未來幾個月的發展線索。接下來的發言絕非即興之作，而是首次真槍實彈的議程操練。

「在開始討論任何重大議題前,先從我所稱的『個人歷史』談起。」

凱思琳解釋,每個人需要回答五個不侵犯個人隱私的問題,問題必須與個人背景有關。「請記住,我想聽的是你的童年生活,但是對你小時候的食慾並沒有興趣。」這個幽默的告誡,似乎連馬汀都受用。

決策科技的高階主管,一個接一個回答。家鄉在哪?家中排行老幾?童年時有什麼有趣的嗜好?成長過程中最大的挑戰?第一個工作?

每個人回答的問題中,總有一、兩個答案出人意表、前所未聞,即便高階主管中有人知道,也是全場中的極少數。

卡洛斯是家中九個孩子中的老大。米琪在紐約的茱麗亞學院學過芭蕾。傑夫曾經是波士頓紅襪隊的球僮。馬汀的童年生活大部分是在印度度過。小傑有個長得一模一樣的孿生兄弟。珍出身軍人家庭。討論過程中,尼克甚至發現,當年在中學打籃球時,還跟凱思琳的先生帶領的球隊交手過。

關於凱思琳，最讓幕僚意外且印象深刻的，不是她受過軍事訓練或是曾在汽車製造領域的經驗，而是她大學時，曾是美國大學排球明星隊隊員。

真的很難想像。僅僅45分鐘的個人溫情告白後，這個團隊似乎變得比過去一年的任何時刻更親密，彼此間也更輕鬆自在。話說回來，凱思琳對這種氣氛很有經驗。她曉得，只要話題一轉向工作，高昂的士氣就會立刻消退。

自我防衛

經過短暫休息，團隊再度回座。很明顯地，早上會議中那種熱切的情緒已經少了一些。接下來的幾個小時，包括午餐時間在內，大家著手評定個人的行為傾向，使用的資料是來此之前已經做過的測驗，例如MBTI 16型人格測驗等。

令凱思琳驚喜的是，似乎連馬汀都參與討論。但是她並不因此覺得樂觀，因為她推斷，每個人都樂於了解和談論自己。當然，那是在批評出現之前。而這

一刻又即將來臨。

　　凱思琳也在衡量大家的精力。她認為，如果在傍晚進入下一階段，時間並不理想。因此，她給大家幾個小時的午休時間，用來收發電子郵件、運動一下，或做些想做的事。凱思琳知道，當晚將工作到很晚，她不希望大夥太早被操得筋疲力竭。

　　馬汀利用大部分午休時間在房間裡收發電子郵件。尼克、傑夫、卡洛斯及小傑在緊臨旅館的球場打硬地滾球，凱思琳和傑夫則在旅館大廳討論預算。米琪坐在游泳池畔看小說。

　　晚餐時分，大夥重回會議桌。看到大家主動接續先前討論的主題，凱思琳很高興。不同於上午的生澀，每個人現在知道彼此在工作上的不同作風。大家討論內向或外向的性格表現，以及其他類似性格代表的意義，全都暢談無忌。

　　大夥邊吃披薩，邊喝啤酒，彷彿無事不可談。突

然間,卡洛斯調侃珍太「肛門格」*,傑夫則取笑小傑沒有重點。甚至,連馬汀對尼克稱他是「悶騷」都不以為意。

大夥對沒有惡意、但屬事實的嘲謔並不在意。米琪是唯一的例外。她並不是介意大家的調侃,糟糕的是,根本沒有人調侃她。事實上,大家不想談她,她也幾乎不評論任何人。

凱思琳想把米琪帶入大夥的交談中,但是隨即決定不要操之過急。對凱思琳而言,事情正順利進行,比她想像的要好很多,而且團隊成員似乎願意談論部分她在幕僚會議中觀察到、導致團隊功能障礙的行為。她沒有必要在第一晚,尤其在「修理」過馬汀後,製造新的事端。

但是有時候事情就是無法控制,米琪自己把問題搬上檯面。當尼克對其他成員大談人格特質的解析多

---

* 編注:佛洛伊德心理分析理論中的一種人格特徵,具有把糞便緊夾不放的潛在個性,性格通常固執、主觀、自私、跋扈及沒有彈性,講求井然有序與絕對的紀律。

準確、多有用時,米琪露出她開會時常有的舉動:翻著白眼、一副不以為然的樣子。

凱思琳才要開口,請她解釋為何有這樣的反應,尼克搶先一步問了:「妳到底是什麼意思?」

米琪的反應就好像完全不懂尼克指的是什麼。「什麼?」米琪反問。

尼克其實只想調侃她,但是顯然也被激出火氣。「得了吧,妳剛才明明翻了個白眼。我說了什麼蠢話嗎?」

米琪執意佯裝無知:「沒有啊,我什麼也沒說。」

此時,珍插嘴進來,態度溫和。「米琪,不一定要說話。妳臉上的表情,已經表示出妳有意見。」珍想要協助米琪,在不失面子的情況下,把話說清楚,藉此緩和氣氛。「我想,有時候妳甚至不知道自己有這種表情。」

但是米琪不吃這一套,並且開始明顯表現出自我防衛。「我真的不知道你們在說什麼。」

尼克按捺不住了。「得了吧!妳每次都這樣。好

像覺得我們都是白癡。」

凱思琳暗自提醒自己，下次晚餐絕不要準備啤酒。但是，她也樂見這件事情搬上檯面。她吃了一口披薩，忍住出面當和事佬的衝動，跟其他人在一旁觀看。

米琪突然反擊：「你們這些人給我聽好，我對這種浮濫的心理學名詞絲毫不感興趣。我不認為有哪個正超越我們的競爭者，會在納帕某家旅館，圍坐著討論要如何重整旗鼓、或如何看世界。」

原本樂在其中的場面，冷不防地遭此斥責，大家的目光全朝向凱思琳，想看看她如何回應。但是，馬汀搶在她前頭說話了。

「是啊，妳說得沒錯。」大夥感到一陣錯愕，看似全程參與的馬汀竟然出面護衛米琪，只不過，馬汀的妙語在後頭：「他們可能是在卡梅爾†。」

換成是別人這麼說，房間裡可能只有咯咯的輕笑

---

† 編注：Camel，加州另一處度假小鎮，風光秀麗，為藝術家、畫廊聚集之處。

聲。但是，出自馬汀冷淡、尖刻的語氣，加上又是衝著米琪，在場每個人頓時縱聲狂笑。當然，米琪除外。她只是坐在那裡，笑得尷尬又勉強。

在那一刻，凱思琳以為這位行銷副總裁會憤而離席。果真如此或許還比較好。因為接下來的一個半鐘頭，米琪一句話也沒說。當大夥繼續討論時，她只是沈默地坐著。

最後，話題不知不覺地進入經營策略的領域。珍打斷談話，詢問凱思琳：「我們是否離題了？」

凱思琳搖搖頭。「不，我覺得這樣很好。我們從討論行為問題切入營運議題。這讓我們有機會了解，如何付諸行動。」

儘管很高興看到其他團隊成員之間開始互動，凱思琳同樣無法漠視一個事實：米琪的行為清楚說明，她無法信任團隊夥伴。

游泳池畔

晚上十點剛過，凱思琳宣布散會。除了珍和尼克

臨時開始討論起預算,其他人都準備回房就寢。米琪和凱思琳的房間位在旅館的游泳池旁,當兩人一起走回房間時,凱思琳決定試試,單獨會談能否有些進展。

「妳還好嗎?」凱思琳小心地不表現得太突兀或婆婆媽媽。

「我很好。」米琪拙劣地掩飾自己的情緒。

「我知道妳在這過程中不太好受,可能覺得他們對妳有點不客氣。」

「才一點嗎?聽著,我在家裡是不許別人取笑的,我也絕不希望在工作上受到如此的對待。對於如何讓一家公司成功,這些傢伙根本沒有概念。」

凱思琳幾乎被這番沒頭沒腦的回答搞得一頭霧水,不知該如何回應。過了一會兒,她說:「嗯,明天我們可以談談這個。我想大家需要聽聽妳的想法。」

「哼,我明天什麼也不會說。」米琪沒好氣地回答。

凱思琳儘量不受米琪的話影響，她認為這可能只是一時氣話。「我想，到了明天早上，妳的心情會好一點。」

「不。我是當真的。他們根本聽不進我的話。」

凱思琳決定當下打住。「好吧！晚上好好睡一覺。」

說著說著，已經走到了房門口。米琪用充滿諷刺意味的笑聲結束兩人的談話：「喔，我會的。」

溫故知新

米琪第二天早上出現時，會議室裡只有凱思琳和珍。米琪看起來神采煥發，並未受到前一天的不快影響。這令凱思琳頗感驚喜。

等其他的人到齊後，凱思琳用前一天演講的摘要，作為會議的開場白：「大家好，在開會之前，還是要提醒大家，我們聚在這裡的原因。我們比競爭對手擁有更多資金、更多經驗豐富的高階主管、更優異的技術，以及更多的關係管道；但是，至少還有兩個

競爭對手在市場上勝過我們。我們的職責是增加營收、獲利能力、贏得和鞏固客戶，以及達到股票上市的條件。但是，如果我們不能像團隊那樣運作，前面說的沒有一樣會實現。」

她停頓了一下，很驚訝台下的部屬竟然看來如此專注，彷彿第一次聽到這些話。「有沒有問題？」凱思琳追問一句。

一反坐著沈默不語，多位幕僚搖搖頭，好像在說，沒有問題，我們開始吧。至少凱思琳如此解讀。

接下來的幾個小時，這群人回顧前一天討論過的內容。可是，大約過了一個小時後，馬汀與尼克開始有點不耐煩；小傑則隨著每次行動電話的來電震動，因為無法接聽，而愈發分心。

凱思琳決定，在大夥開始交頭接耳前，先解開他們心中的疑惑。「我知道，你們可能正在納悶：『這件事情不是昨天做過了嗎？』我也了解我們是在老調重彈。但是，除非了解如何充分運用信賴，這個道理不會發揮作用。」

於是，大家又花了一小時討論，每個人不同的行事風格代表的意義，以及個人作風為整體創造的機會和挑戰。米琪幾乎不表示意見，並且，每次她一開口說話，原先交談的熱度似乎就明顯降低。馬汀也極少說話，但是，至少看起來一直很專心聆聽，也了解討論內容。

10點左右，他們已經完成人際互動風格和團隊行為的檢討。接著，利用午餐前一小時不到的時間，凱思琳決定先說明當天最重要的一項演練。事後回顧，這項演練正是米琪和其他團隊成員面對嚴峻考驗的時刻。

自以為是

凱思琳走回到白板前解釋：「記住，團隊合作始於建立信賴，而唯一的方式，就是克服我們對完美無瑕的要求。」她在白板上的「信賴」兩個字旁邊，寫下自以為是（invulnerability）。

寫完後，她繼續說：「所以，今天早上，我們要

                    喪失信賴　　　　　自以為是

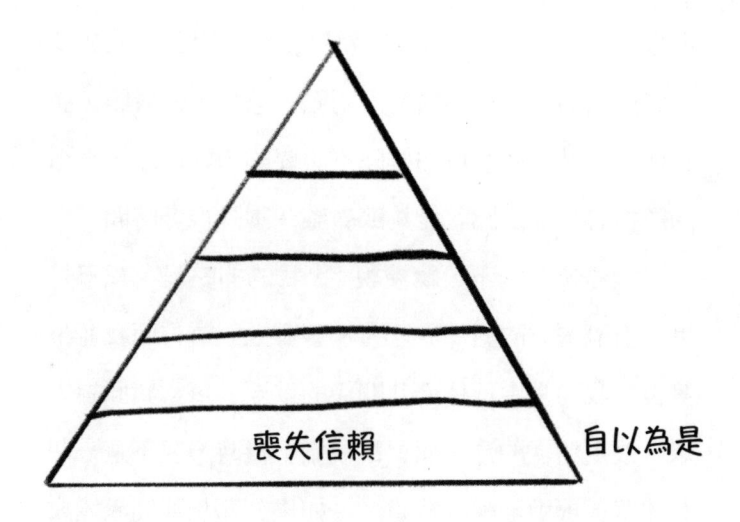

以一種適當而且低風險的方式,揭露各人的弱點。」

　　她接著要求每個人花 5 分鐘時間評斷,在攸關決策科技的成敗上,每個人自認最大的優點和缺點是什麼。「我不要你們講出一些無傷大雅的缺點,我也不希望有人太過謙虛或不好意思說出真正驕傲的部分。嚴肅看待這個簡單的練習,全心投入,好好想一想。」

　　當每個人看來已經擬好心得後,凱思琳展開討論。「好吧,由我先開始。」看了一眼自己的筆記,

凱思琳說：「我想我最大的優點，至少對公司的成功影響最大的是，能夠釐清不明確、不相干的資訊，並且抓出重點。我有辦法排除不必要的瑣碎細節，直指問題核心，而這應該能夠節省整個團隊很多時間。」

她停頓了一下，繼續說：「我的弱點是，我不是世界上最優秀的對外發言人。事實上，這方面我並不擅長。我通常會低估公共關係的重要。每當我面對大眾，或更糟糕的是，面對電視攝影機時，我不是一個有才華或機敏老練的演講者。如果公司想要圓滿達成目標，我會需要這方面的協助。」

除了小傑和米琪外，每個人都在凱思琳發言時做了筆記。她很喜歡這種態度。「好了，誰要接著說？」

沒有人立即自告奮勇。大家面面相覷，有人期望某個同僚能自願出列，有人則似乎躍躍欲試。

終於，尼克打破僵局。「好吧，換我。我想想，」一邊檢視手裡的筆記，一邊接著說：「我最大的長處是，不怕跟其他公司談判和打交道。不管對方

是合夥廠商、經銷商,還是競爭對手,我有本事說服他們答應比原先打算的更多。而我最大的缺點是,有時會讓人覺得傲慢自大。」

幾個同事局促不安地笑著。

他微笑著繼續講下去:「是的,從大學時代,甚至更早,我就有這個問題。我講話總是挖苦人,甚至有點粗魯無禮,有時候還讓人覺得,我好像自認為比其他人都聰明些。如果我面對的是經銷商,可能還沒什麼大礙;但是,如果面對的是你們,可能就會讓大家有點惱火。我想這對公司的成功有害無益。」

傑夫做了評論:「聽起來,你的優點和缺點是一體的兩面。」

出人意外地,馬汀也發言表示贊同:「事情不都是這樣嗎?」

在座的人無不點頭稱是。

尼克言談中明顯表露出誠意,其他成員也樂意提出意見,這使凱思琳印象深刻。她很慶幸是尼克第一個發言。「很好,這正是我想聽到的。接下來換

誰？」

珍自願上場，談到自己的優點在於管理技能和注重細節，大夥紛紛表示贊同。她接著坦承自己在財務管理上比較保守，超過一般新創企業財務長應有的程度。她也擔心，同事容易因此忽略控制開支。「然而，我如此嚴格的管控，可能讓你們更不願配合。」

卡洛斯要她放心，其他成員會配合她的要求做些改進。

接下來是傑夫。他說自己具有驚人的人際網絡技巧和能力，但努力想要卸下與投資人和合夥企業建立合作關係的責任。

但是珍不肯讓他脫身：「得了吧，傑夫。如果我們曾經有完成什麼成就，那就是募得大筆資金，並且讓投資人對公司充滿信心。不要貶低你在這方面的成就。」

傑夫不自在地接受珍出於好意的訓斥，緊接著點出的缺點，又讓大家印象深刻。「我非常害怕失敗，導致我做事情通常太強勢，並且不假手他人。我不喜

歡告訴別人該做什麼，說來諷刺，因為這會讓我覺得，事情很可能會失敗。」

告白的這一刻，傑夫似乎情緒激動，但旋即恢復平靜。他相信沒有人會留意。「我認為這可能就是我們一直無法成功的最大原因，可能也正因如此，我不再是公司的執行長。」他停頓一下，接著很快又補充：「這對我而言滿好的，真的。事實上，我很高興能卸下這份職務。」

大家以微笑表示鼓勵。

凱思琳簡直無法相信，頭三個人的表現如此可圈可點。此刻，她開始希望這股動力能持續下去，順暢一整天。這時，米琪發言了。

「好吧，我來當下一個。」不像前面幾位發言的人，米琪說話時幾乎從頭到尾看著筆記。「我最大的優點是了解科技市場，懂得如何跟分析師和媒體溝通。我最大的缺點是財務能力很差。」

全場一片沈默。沒有意見。沒有提問。一點反應也沒有。

跟凱思琳一樣，幾乎在場每個人都處於矛盾的情緒中：寬慰的是，米琪報告完了；但是她的回答言不及義，卻又令人失望。當下，凱思琳覺得，逼這個行銷副總裁揭露更多弱點，並不妥當。米琪必須主動坦承。

隨著時間一秒一秒過去，一群人靜靜地在內心祈求有人打破沈默。卡洛斯解除了大夥的不安。

「好吧，接著該我了。」卡洛斯盡了最大努力，設法回復原先的討論深度；談到自己的優點之一，是做事情貫徹始終，缺點則是沒有隨工作進展，提供同伴最新的資訊。

他才說完，珍就插嘴進來。「卡洛斯，我認為你這兩個答案都在避重就輕。」凱思琳不曉得珍和卡洛斯相知甚深，因此對她的直言不諱大感驚訝。

珍繼續說：「首先，說到仔細周到，對於工作可以不厭其煩而從不抱怨，就是你的長處。我知道這有點危言聳聽，但是，要不是你一直帶領大家脫離困境，我不知道公司會有什麼下場。」很多人紛紛表示

贊同。「至於缺點部分嘛,我想,你大可在會議中,多說一些想法。你就是太悶了一點。」

每個人似乎都等著看卡洛斯如何回應,但是,他只是點點頭,記下筆記,回應一句:「好的。」

小傑接著主動發言,一開口就引得全場哈哈大笑,因為他說:「很顯然,我最大的優點,就是做事貫徹始終和注重細節。」大夥沈浸在輕鬆氣氛中好一會兒,直到小傑再次開口。

「現在談正經的,我很善於跟客戶建立穩固的私人關係。事實上,這方面我真的很行。」他講得誠摯坦白,贏得眾人讚賞。「缺點方面,如果我不認為某件事情非常重要,往往是因為它無助於我談成交易,我有時就不當它一回事。」

「有時嗎?」尼克問。全場又是哄堂大笑。

小傑臉紅了。「我知道,我知道。我只是常常抽不出時間來處理一大堆雜事。我也不知道為什麼會這樣。但是,我想這對團隊並不好。」

馬汀是唯一尚未發言的高階主管。「好吧,我想

下一個輪到我了。」他深深吸了一口氣,「我很不喜歡用這種方式談論自己,但是,如果非要不可,我認為,我擅長解決問題以及做分析。我不太擅長的是與人溝通,」他停了一下,「我的意思是,我並非不懂溝通,而是我比較喜歡就事論事的人。我喜歡在純粹知識層次上與人交談,這樣就不必擔心對方的感覺或諸如此類的事情。你們明白我在說什麼吧?」

「當然,」傑夫說,他決定冒險一試,「問題是,有時候那會讓人覺得,你不喜歡他們。你讓人感覺到,他們在浪費你的時間。」

對傑夫的說法,馬汀露出失望的表情。「不,這絕非實情。我的意思是說,這並非我的本意。真糟糕。我一點也沒有這個意思。但是,可以想像,我在大家心目中的印象。真不知道該怎麼改變這個狀況。」

整個早上,米琪首次插嘴,而且還是微笑著說:「老兄,找個心理醫生好好談談吧。也許到了那個時候,你都可能還改不了。你根本是一個傲慢自大的

傢伙。話說回來，在矽谷，哪一個總工程師不是如此？」

米琪笑得很開心。其他人則笑不出來。馬汀笑得很尷尬，似乎只是為了增添幾分幽默的氣氛而笑，其實心中正在淌血。

凱思琳事後很懊悔，沒有當下要求米琪，就她說的話舉出例證。當時，凱思琳認為，那些話純粹是米琪情緒智商太低的緣故。無論如何，她很清楚，米琪的行為正對其他成員造成巨大的影響。

集體目標

當大家再次回座，凱思琳宣布改變討論主題。「好，現在直接進入最後一個障礙。但是，下個月的研習中，我們還會再次討論自以為是的問題以及互信的重要。到時如果有人不想難堪，最好有所準備。」

每個人都認為她的話是針對米琪而發。誰也沒想到，團隊中另一位成員也像米琪一樣，正在掙扎當中。

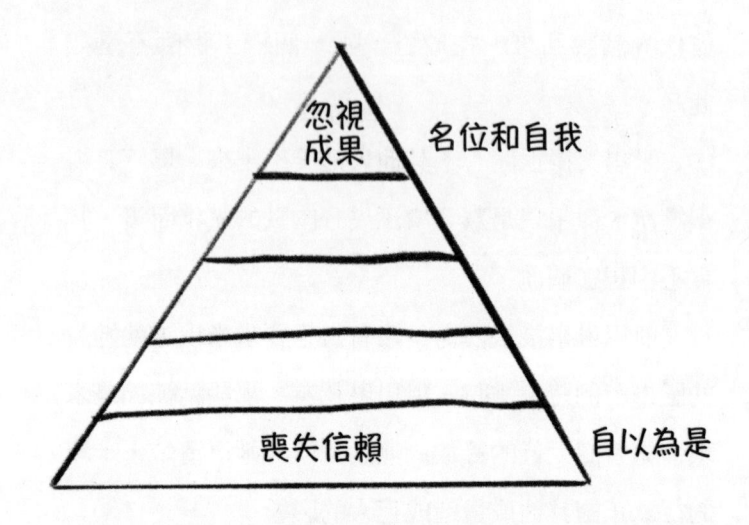

```
        忽視
        成果    名位和自我




    喪失信賴          自以為是
```

　　為了說明下一個障礙,凱思琳走向白板,並在三角形的頂端寫下**忽視成果**(inattention to results)。

　　「現在看看三角形的頂端,這是團隊最後的一個障礙:可能的情況是,團隊成員為了個人能受到表彰和矚目,把成果犧牲掉了。我是指,集體的成果,也就是整個團隊的目標。」

　　尼克問,「這跟自我有關嗎?」

　　「嗯,我想,這是其中的一部分,」凱思琳表示同意,「但是,我並不是說,團隊裡不容許自我的存

在。關鍵在於,必須把『集體自我』放在『個人自我』之前。」

「我不太了解,這又跟成果有什麼關聯,」傑夫說。

「我來解釋一下。當每個人都以成果為焦點,並且以得到的成果來界定成功時,自我就不難約束。不管一個人自認在團隊中的狀況多好,如果團隊失敗,當中的每個人也都算是失敗了。」

凱思琳看得出來,還有些人還沒被說服,所以,她嘗試換個方式來說。「我昨天提過,我丈夫在聖馬刁(San Mateo)的聖猶達斯中學(St. Jude's School)擔任籃球教練。」

「他是棒得沒話說的籃球教練,」尼克解釋。「打從我念中學起,就一直有大學想爭取他,而每年他都回絕掉了,稱得上是個傳奇人物。」

凱思琳以自己的丈夫為榮,也很喜歡尼克所下的評語。「是啊,我猜他可算是個異類。他確實擅長帶領球隊,心思全都在球隊上。妙的是,儘管他的球隊

表現優異,球員中卻幾乎沒有人進入知名大學的球隊。因為,坦白說,他們都不是有天分的球員,贏球全靠打團隊戰,而這也使得他們通常能擊敗體格更好、速度更快、更有才華的隊伍。」

尼克曾經多次是聖猶達斯中學隊的手下敗將,所以毫不遲疑地點頭,肯定這番說法。

「嗯,肯恩,也就是我的先生,偶爾也會發覺,球隊裡有人不在乎成果,至少不在乎團隊的成果。記得幾年前,有個球員只對自己的成績紀錄、個人是否獲得表揚、入選全美明星隊、照片上報等事感興趣。如果球隊輸了,只要個人得分亮麗,還是心情愉快。球隊贏球時,如果個人得分不盡理想,就會鬱鬱寡歡。」

珍很好奇,「妳先生怎麼對付他?」

凱思琳笑了,急於想告訴大家更多肯恩的做法。「這就有意思了。毫無疑問,這個孩子是球隊裡最有才華的球員之一。但是肯恩讓他坐冷板凳。球隊沒有他,卻表現優異,最後,他離開了。」

「好嚴酷無情啊。」小傑下了評語。

「是的，但是一年後，這個孩子的態度徹底改變，畢業後進入聖馬利學院（Saint Mary's College）打球。現在他會說，那是他一生中最重要的一年。」

珍還是覺得好奇。「妳認為大多數像他那樣的人，都能改變嗎？」

凱思琳不假思索地回答：「不。像他那樣的孩子，十之八九都做不到。」大夥似乎因為這個斬釘截鐵的回答，變得安靜肅穆，不只一個人在這時聯想到米琪。「儘管有點嚴酷無情，肯恩總是說，他的工作就是盡全力創造出最優秀的球隊，而不是呵護關照個別運動員的生涯。這也正是我對這份工作的看法。」

傑夫突然問了大家一個問題：「在場有誰在中學或大學時期加入過運動團隊？」

凱思琳想要制止傑夫做民意調查，以免打亂她預定的討論方向。但是，她心念一轉，只要跟團隊合作有關聯，來點即興的討論，或許對團隊也有幫助。

傑夫一一詢問在座的每個人。

尼克表示，他在大學時打過棒球。卡洛斯中學時擔任過美式足球後衛。

馬汀自豪地告訴大家：「我踢過足球，原始的那一種。」每個人都給這位歐裔同僚逗得笑了起來。

米琪說，她在中學時參加過賽跑。

尼克質問她，「但是那屬於個人的……」她機靈地打斷，「我參加的是接力賽。」

凱思琳回憶，她曾經是排球隊隊員。

珍表示，她當過啦啦隊員，也曾加入舞蹈隊。「如果在座有人認為，那些不是團隊，我就砍掉你們一半的預算。」

大家都笑了。

傑夫坦承自己沒有運動細胞。「說真的，我不懂為什麼每個人都把體育活動當成學習團隊合作的唯一方式。我不太運動，從小就如此。但是，我在中學和大學時期都參加樂團，並且自認從中領悟到不少團隊的道理。」

凱思琳找到重新掌控討論方向的機會。「啊哈！

說得好。首先，我們確實能從很多不同活動中學習團隊合作，因為太多事情都涉及到一群人的共事。但是，每當談到團隊時，大家會直接聯想到體育活動，是有原因的。」凱思琳身為七年級教師的職業本能突然乍現，她想給學生回答的機會。「誰知道原因？」

就像她課堂上常有的情況，這群人看來滿臉疑惑。但是凱思琳曉得，如果能忍受片刻沈默，很快就會有人說出正確答案。這一次，這個人是馬汀。

「得分。」跟以往一樣，馬汀的回答十分簡短。

「請解釋，」凱思琳命令，就像她一向對待學生的方式。

「好吧，大多數的體育活動中，比賽到最後都有明確的得分，決定成功或失敗。極少存在曖昧不清的空間，這意味著，極少有空間給⋯⋯」他停下來思索適當的用字。「⋯⋯主觀、需要解釋、以自我為中心的成功，希望你們知道我在說什麼。」

房間裡的人都點頭表示聽得懂。

「等一下，」小傑挑戰他。「你的意思是說，運

動員沒有自我？」

馬汀看似不知如何回答，於是，凱思琳接過話來。「他們的自我都不小。但是，偉大運動員的自我，通常跟一個清楚有力的成果有關：獲勝。他們一心想贏。這個意念超過創造出明星團隊、超過讓自己的照片印在早餐穀片的包裝盒上、甚至超過賺進大把鈔票的欲望。」

「我不確定這樣的團隊還有多少，至少在職業體壇上看不到了，」尼克表示。

凱思琳微笑著回答：「妙就妙在這裡。今天還能領悟這個道理的團隊，又比以往更有優勢，因為他們的競爭對手，大多是一群只為自己著想的個人。」

米琪看來有點不耐。「這跟經營一家電腦軟體公司到底有什麼關係？」

再一次，米琪使得討論戛然而止。雖說已經開始懷疑改變米琪的可能，凱思琳仍然想盡辦法鼓勵她。「又是一個好問題。這當然與我們有關。你們瞧，我們努力追求的集體成果，就像一場足球比賽的得分。

沒人希望在論及成敗時,有任何可供辯駁的餘地,因為那只會給個人的自我製造可乘之機。」

「我們不是已經有個計分板了嗎?」米琪堅持拗下去。

「你是說獲利?」凱思琳問。

米琪點點頭,並且擺出一副好像在說:「不然呢?」的怪異表情。

凱思琳沒理她,耐著子繼續講下去:「獲利當然是很重要的一部分。但是我現在要談的,絕不僅是近程的成果而已。如果把獲利當成成果的唯一指標,非要到當季結束前,才能知道團隊的表現如何。」

「我給搞糊塗了,」卡洛斯坦承,「獲利不就是最重要的一項分數嗎?」

凱思琳笑了,「是啊,我一開始講得太深了。讓我簡單地說明一下。我們要做的是,讓團隊中的每個人都能清楚了解,要達到的整體成果;如此一來,沒有人會自認,可以為了增進個人的名位或自我而做某件事。因為那會損及我們達成集體目標的能力,最後

全軍覆沒。」

　　由大夥的表情看起來,似乎開始稍稍有點概念,凱思琳於是再接再厲。「當然,關鍵在於團隊的目標、成果,必須以一種簡單易懂且具體可行的方式界定出來。如果以獲利為指標,很難具體轉換成行動。它需要跟我們平日從事的工作更緊密相關。為了達成這個目標,我們現在來試試,可不可以討論出一些結果。」

團隊計分板

　　凱思琳接著把大家分成兩、三人一組,並且要求每組擬出一張可以作為團隊計分板的成果一覽表。「先別量化,只要訂出計分的類別就好,」凱思琳提醒大家。

　　一小時之內,這群人已經訂定出 15 種以上的成果類別。經過合併或刪除,最後縮減到只剩 7 個類別:營收、開支、取得新客戶、現有客戶滿意度、員工流動率、市場知名度與產品品質。同時決定,這些

類別應該每月檢討一次，因為等一季過後再追蹤成果，將無法有效偵測出問題、調整努力方向。

不幸地，當討論回到經營問題上，房間裡開始瀰漫騷動不安的氣氛。一如往常，批評很快取代了討論。

馬汀首先發難：「凱思琳，我很遺憾，這麼做了無新意。這些類別與我們過去九個月所採用的衡量標準，幾乎沒有兩樣。」

感覺上，凱思琳的部分公信力，正在大夥面前下滑。

小傑跟著幫腔：「是啊，而且，沒有一項對提升營收有幫助。坦白說，如果我們不能很快地談成幾樁生意，我不認為這些會有什麼用。」

凱思琳的心中其實不憂反喜，因為她事先已經預料到會有這一幕。凱思琳判斷，一旦在這種情境中，再次挑起經營問題，原先導致他們陷於困境的行為，馬上就會原形畢露。而且，她已經想好接下來的做法了。

「這樣吧,馬汀,你能不能告訴我,我們上一季的市場知名度目標是什麼?」

米琪糾正她的上司:「我們稱之為公共關係活動。」

「好,很好。」她轉過身來面對著馬汀。「你能不能確切地告訴我,公共關係的目標是什麼?」

「不能。但是我確信米琪可以。但是我可以告訴妳,我們的產品研發期限。」

「很好。問題是,我只要你告訴我,我們打算如何進行公共關係活動?」她再次把問題丟給馬汀,擺明了他應該要知道答案。

馬汀似乎很為難。「該死,我不知道。我想傑夫和米琪是那方面的專家。但是就銷售數字來看,我認為我們做得並不好。」

米琪出奇地鎮靜,但是接下來說的話,更讓人不悅。「你們聽好,我每週開會都會帶著公共關係的數據資料,只是從來沒有人問起。此外,如果公司沒有什麼銷售上的實際成績,我也沒辦法讓我們上任何新

聞媒體。」

雖說這句話應該傷害到小傑，出人意料的是，竟然是馬汀語帶挖苦地回應。「這倒很有趣。我總以為行銷的目的是要帶動銷售。莫非我想顛倒了。」

米琪像是沒聽到馬汀的話，繼續為自己辯護：「我可以跟你們說，問題不是行銷造成的。事實上，就責任分工來看，我的部門一直表現得相當不錯。」

卡洛斯有衝動想對米琪說：「但是公司正在走下坡，妳的部門也不可能有什麼好表現。並且，如果公司在走下坡，那麼，我們全都在走下坡，沒有人能片面為自身部門的表現辯解……」但是，他不想對米琪窮追不捨。他感覺這位同事很可能承受不了壓力而突然崩潰。因此，他就此打住。

當下，凱思琳跟在場的其他人一樣沮喪，並且有種山雨欲來的感覺。但是，就在戰火一觸即發之際，交談戛然而止，無疾而終。

她暗自想著，原來，大夥是這樣互動的。

核心問題

但是,凱思琳決定不讓動力消逝。

「嗯,我知道根本的問題出在哪裡。」

傑夫的回應友善,但是笑容充滿諷刺,「真的嗎?」

凱思琳笑了。「你還滿了解我的嘛!好吧!當我談到,把焦點放在成果而非個人成就時,我的意思是,大家應該採用同一套目標和測量標準,而且用在平時的集體決策當中。」

凱思琳注意到,這些幕僚很難把這個明顯易懂的論點,轉換到實際工作情境中,因此決定換個比較容易討論的說法。「每一季期間,你們是否會為了達成一個岌岌可危的目標,進而討論如何把資源從一個部門挪到另一部門?」

他們臉上的表情說,從不。

「還有,在會議中,你們是否會嚴格要求仔細檢討目標,認真追究達成或未達成目標的原因?」無論大夥怎麼回答,她其實心裡有數。

傑夫出面為大夥解圍：「我有話要說。我只想到米琪負責行銷、馬汀是產品開發、小傑管銷售。只要幫得上忙，我也會動手幫忙，除此之外，我讓他們全權負責各自的領域。並且，盡量以個別的方式，解決他們的問題。」

為了幫助大夥理解，凱思琳重提體育競賽的比喻。「好吧，大夥想像一下，中場休息時，籃球教練出現在球員更衣室。他把中鋒叫進辦公室，單獨談論上半場的戰況，然後，他以同樣做法，一一找來控球後衛、得分後衛、小前鋒、大前鋒個別談話。然而，每個人都不知道其他人和教練談些什麼。這根本不算是個團隊，而是一群個人，對不對？」

對房間裡的每一個人而言，這番話明顯擊中決策科技高層幕僚的要害。

凱思琳的笑容帶有「想不到，連這個道理都要我來說」的味道。但是，她以更有耐性的語氣說：「各位，你們每一個人，對銷售都有責任，這不只是小傑的事。你們全體也對行銷都有責任，這也不是米琪一

個人的任務。同樣地,你們全體對產品發展、顧客服務和財務都有責任。這一點,還需要我再多費唇舌嗎?」

幕僚面對凱思琳真誠直率的說法,加上自己明顯稱不上是支團隊的事實,在先前一天半裡建立的團結錯覺,現在顯然不復存在。

尼克難以置信地搖搖頭,然後迫不及待地說:「我只是希望妳知道,我正在思索,坐在這裡的人是否真的適任。或許我們需要更多高手,可以讓我們爭取到合適的顧客、發展出適當的策略性合作關係。」

小傑並不情願銷售部門的表現被否定。但是一如往常,並未做出任何回應。

接招的是凱思琳。「你們大夥有沒有看過競爭對手的網站?」在座少數幾個人點了頭,可是弄不清楚她葫蘆裡賣什麼藥。「你們對那些公司領導高層的戰績了解多少?」眾人仍然一臉茫然。「老實說,他們團隊中並沒有什麼重量級的人物。你們憑什麼認為,他們的進展超前?」

傑夫意興闌珊地給了個解釋：「好吧，葡萄園有線網（Wired Vineyard）才剛剛與惠普科技（Hewlett-Packard）建立合作關係。通訊購物車（Telecart）的主要營收，來自專業服務。」

凱思琳似乎並不滿意。「還有呢？什麼原因阻礙你們，跟他們一樣，發展夥伴關係或修正經營計劃？」

珍突然舉手，而且不等凱思琳同意就直接發言：「請別誤會，凱思琳。但是，妳可不可以改口說我們而不是你們？現在的妳身為執行長，可也是這個團隊的一分子。」

空氣頓時凍結，全等著看凱思琳如何處理這個尖銳的批評。她低頭看著自己的大腿，好像正在努力思考該如何回應，然後收回目光並迎向珍。「珍，妳說得對。我並不是顧問。謝謝妳要求我這麼做。我的難處是，我還不覺得自己是這個團體的一分子。」

「咱們都一樣。」

珍的回應令每個人頓感錯愕。

政治權謀

尼克問:「妳這樣說是什麼意思?」

「呃,我不知道你們怎麼想,但是我不覺得自己在財務以外,跟這家公司正在進行的一切,有任何瓜葛。有時候,我覺得自己像顧問。在我以前工作過的其他企業中,我通常參與很多銷售和營運事務,而現在,我覺得被隔絕在自己的領域裡。」

卡洛斯同意這個說法。「是啊,開幕僚會議時,真的很像我們心中並沒有真正的共同目標。讓人覺得,我們都在為自己的部門爭取更多資源,或竭力迴避不屬自身領域的任何事務。」

任誰都很難質疑卡洛斯的邏輯,於是他繼續說:「此外,你們這些人可能認為,我是見義勇為的大好人,但是在大部分我服務過的企業,這是每個人的工作方式。」

看到團隊中有人開始領悟,凱思琳深感寬慰。但是,當她說:「我們正身陷令人震驚的政治權謀,這也導致大夥看不清楚共同努力追求的目標,結果就演

變成，人人只以個人的成就為重，」在座者的反應卻令她非常失望。

皺起眉頭的尼克首先發難：「等一下。我同意我們不是矽谷最健全的經營團隊，但是，要說我們搞政治，妳不認為有點言過其實嗎？」

「不。我認為這是我見過最會搞政治的團體之一。」凱思琳這話一出口，馬上就意識到，她應該婉轉些，因為此刻屋內瀰漫山雨欲來的氣氛，所有的人都準備聯合起來，挑戰她的苛刻批評。

連傑夫都按捺不住。「凱思琳，妳這麼說對嗎？或許這是妳不曾在高科技領域工作過的緣故吧！我在一些十分官僚的公司工作過，我並不覺得，我們真的那麼糟。」

凱思琳壓下回應的衝動，她決定先讓其他人暢所欲言。

尼克開砲了：「根據我從其他企業主管得來的消息，我們的表現還過得去。別忘了，這可是個異常艱難的市場。」

聞到水中的血腥味,米琪縱身下水鎖定獵物。「我同意,我認為妳是在一個詭譎的時間點上加入公司,而且才不過幾個星期,就說出這樣的話,太過輕率了。」米琪知道,其他人未必同意這些苛刻的說法,但是此刻他們不會挑戰她,以免喪失在新老闆面前稍佔上風的機會。

凱思琳直到沒有人表示意見後才回應。「首先,我很抱歉,我的意見可能有些莽撞無禮。你們說得沒錯,我不曾在高科技領域工作過,我的標準因此可能有點偏頗。」在繼續講下去前,她先讓大夥接納這份小小的歉意,並且小心不冒出「但是」這個字眼。「其次,我不希望你們覺得我傲慢自大,因為這對我們達成目標毫無幫助。」

凱思琳感覺到,珍、卡洛斯及傑夫等少數團隊成員,正如她所願,真心誠意接受了她的說法。

她繼續說:「在此同時,我也不想粉飾當前的險惡處境。我們的問題嚴重,我也充分觀察過這個團隊,曉得這裡的政治氣氛十分強烈。」儘管凱思琳努

力關注部屬的感受,但並未放棄原先的看法。「坦白說,我寧可誇大問題,也不願輕忽。但是,我可以向你們保證,這一切只為了團隊好,而非滿足我個人。」

由於在過去一天半裡,凱思琳始終言行如一,加上言談中的自信,大多數幕僚似乎相信她的誠意。

尼克皺著眉頭,凱思琳看不出來他究竟是不滿還是疑惑。倒是尼克自己把疑惑說出來了:「或許妳應該告訴我們,妳所謂的政治是指什麼?」

凱思琳略為思索,然後倒背如流地回答:「政治是指,在決定如何說話和行動之前,根據的是希望別人如何反應、而非心中真正的想法。」

房間裡寂靜無聲。

馬汀一貫嚴肅認真的聲音劃破緊繃的氣氛。「好吧,我們確實是很政治。」雖然他無意搞笑,卡洛斯和珍還是忍不住哈哈大笑。傑夫則是微笑、點頭。

凱思琳看得出來,儘管她提出的論點相當有說服力,有些團隊成員仍在猶豫,要不要接受這個看法,

或是加以抨擊。不過,原本混沌的情勢,很快就變得明朗;緊接而來的,是一波攻擊行動。

再次攻擊

凱思琳很意外,小傑竟然殺氣騰騰地出來挑戰她。「很抱歉,但是妳該不會要我們再等三個星期,才搞清楚所有的團隊障礙吧?為什麼妳不直截了當說出來,好讓我們明白,這個團隊有哪些問題,我們也好設法改善?」

表面看來,小傑並無惡意。如果是出於真正的好奇,甚至可以視為讚美。但是,以當時的氣氛、提問的語氣,以及提問者向來溫和穩健的作風來看,這其實是外地研習至此最苛刻的意見。

如果是個缺乏自信的上司,大概會被這個說法嚇住。其實片刻間,凱思琳的內心也大感挫折,認為苦心營造的善意就要煙消雲散。但是她隨即想到,正當抗拒(honest resistance)是帶動團隊、展開真正變革時無法避免的。

凱思琳很掙扎，很想按照自己原先的計劃，逐步揭曉她的簡單模型；但是念頭一轉，又決定接受小傑的建議。「沒問題。我們現在就把其他三個障礙討論完畢。」

全部展現

凱思琳走向白板，但是在填寫倒數第二格前，她對在座幕僚丟出一個問題。「信賴為什麼重要？對互不信任的一群人而言，實際的負面影響是什麼？」

經過幾秒鐘的沈默，珍試著幫凱思琳解圍：「士氣問題。缺乏效率。」

「太籠統了。我要的是更具體的原因，為什麼信任是必要的？」

發現沒有人打算回答，凱思琳很快公布答案。就在缺乏信任的上面一格，她寫下**害怕衝突（fear of conflict）**。

「如果互不信任，那麼彼此之間就不會有什麼公開、建設、與觀念上的爭辯。我們只是維持著虛假的

```
        忽視
        成果      名位和自我


              害怕衝突    虛假和諧

            喪失信賴      自以為是
```

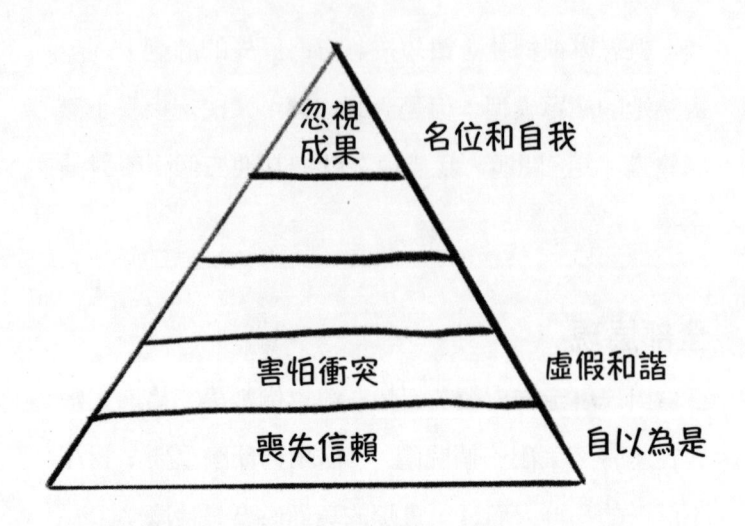

和諧。」

尼克發難了:「但是,我們的衝突很多啊。我還可以補充一句,這裡也不太融洽呢。」

凱思琳搖搖頭:「話不能這麼說,這裡的關係充其量只能算是『緊張』。問題是,這些幾乎都是沒有建設性的衝突。被動、消極、嘲諷的評論,並非我所說的衝突。」

卡洛斯加入戰局:「且慢,和諧相處為什麼是個問題?」

「問題在於缺乏衝突。和諧本身不是問題。良性的和諧關係,是歷經衝突並且不斷解決問題的結果。但是,當和諧的維持只因為大家不願表示己見、真心關懷時,就不是件好事了。我寧可讓團隊就某個議題有效辯論、解決歧見而免除任何後遺症,而不希望大家在虛假的和諧中度日。」

卡洛斯接受了這個說明。

凱思琳決定放手一搏:「觀察過幾次會議後,我很確定你們其實不太懂得如何爭辯。你們的不滿有時會用拐彎抹角的評論方式宣洩,但是,更常見的情況,是處於自我壓抑而滿心不悅。我說得對嗎?」

這個自問自答的問題,換來馬汀的挑戰:「所以,就算我們應該開始多多爭辯吧,我還是搞不清楚,這為什麼會讓我們更有效率?即使有什麼效果,也會花掉太多時間。」

米琪和小傑頻頻點頭附和,激起凱思琳較勁的鬥志,不過,珍和卡洛斯為她挺身發言。

珍先開口:「你們難道不認為,每件事情議而不

決，反而更浪費時間？我們討論情報蒐集的外包案已經多久了？每次開會都在談，總是半數支持，半數反對，結果就一直擱在那裡，只因為沒有人想得罪其他人。」

出人意表的，卡洛斯也以權威口氣補充說：「夠諷刺吧，這樣的議而不決，又讓我們更惱火！」

馬汀顯然愈來愈信服，開始想知道模型的其他內容。他一句「好吧，下一個是什麼？」，幾乎等於宣告，凱思琳獲得馬汀的認同。

凱思琳走回白板前，說：「下一個團隊障礙是**缺乏承諾（lack of commitment）**，不能全力支持團隊做出的決定。」她把這個障礙寫在前一項上方的格子裡，而且在旁邊寫上，模稜兩可（ambiguity），當作這個障礙的明證。

尼克又試圖挑釁：「承諾？聽起來像是我太太婚前喜歡念念叨叨的事情。」儘管這個笑話不甚高明，大夥還是輕笑了幾聲。

凱思琳其實早有對策。「這裡所說的承諾，是指

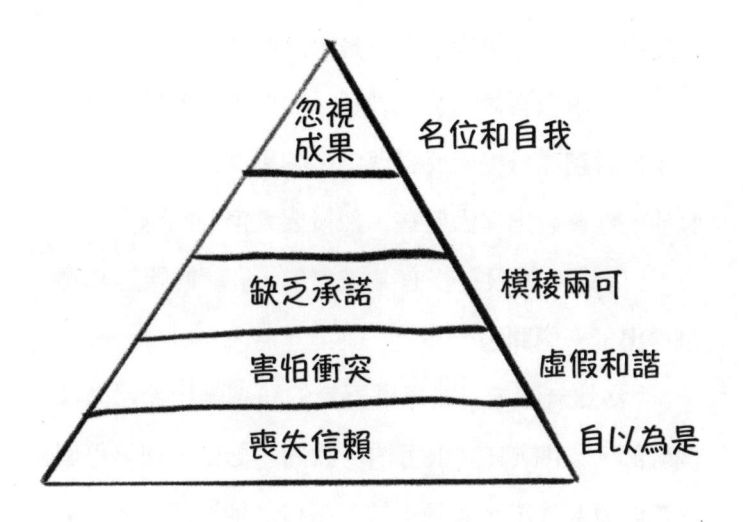

```
           /\
          /  \
         /忽視 \   名位和自我
        /成果  \
       /────────\
      /          \
     /   缺乏承諾  \   模稜兩可
    /──────────────\
   /                \
  /    害怕衝突      \   虛假和諧
 /────────────────────\
/                      \
/      喪失信賴         \  自以為是
────────────────────────
```

團體致力於一個計劃或決定,並且能讓每個人確實全心投入。這也正是為什麼衝突很重要的原因。」

像馬汀這麼聰明的人,是不怕承認心有疑惑的,他直截了當發問:「我不懂。」

凱思琳解釋說:「道理很簡單。如果大家不能盡情抒發意見,並且覺得好像一直在聽候裁決,就會認為事不關己。」

「如果提出要求,大家還是會參與的,」尼克反駁,「我想,藉由短跑訓練增加肺活量這樣的事,妳

先生也不會讓球員投票表決是否該做吧?」

凱思琳很喜歡這樣的挑戰。「沒錯,他是不會。但是他會讓球員提出反對理由。如果這些理由不能說服他,他會說出理由何在,然後要大家開始跑步。」

「所以,這跟有沒有共識無關。」珍的陳述其實是提出了一個問題。

「當然無關,」凱思琳堅定的語調讓她聽起來像個老師。「共識其實很可怕。我的意思是,如果每個人都同意某件事,並且很快、很自然地形成共識,這當然再好不過。但是,情況通常並非如此,共識往往成了試圖討好每個人的把戲。」

「結果卻變成得罪所有人,」傑夫表情痛苦地說出看法,也說明他正想起某次不愉快的記憶。

「的確如此。這裡要強調的是,大多數講道理的人,不會堅持討論過程非要按照己意,而只是想要有發言的機會,知道自己的意見受到重視、並獲得回應。」凱思琳回應。

「所以,缺乏承諾到底會怎樣?」尼克鍥而不

捨。

「嗯,有些團隊會因為強求全體同意而陷於癱瘓,也無法坦然接受辯論結果。」

小傑大聲說:「雖不同意,但有承諾(Disagree and commit)。」

「抱歉,你剛才在說什麼?」凱思琳要他說明。

「喔,這是我前一個公司的說法,我們稱之為『不同意但承諾』。你可以對某件事有異議、甚至不贊同,但是最後仍然答應全力以赴,就好像每個人打從一開始,就完全支持那個決定一樣。」

小傑的解釋讓傑夫靈光一現:「好了,我了解衝突的作用了。即使大家都願意做出承諾,後來卻沒這麼做,是因為⋯⋯」

卡洛斯插嘴進來:「⋯⋯因為要真正全力支持之前,必須先衡量過利害得失。」

全場似乎都明白這個道理。

「那最後一個障礙是什麼呢?」大夥都很意外,發問人竟然是米琪,並且看來確實對這個答案感興

趣。

凱思琳走向白板,打算填寫最後一個空格。她剛舉起手,馬汀已經打開筆記型電腦開始打字。大家都愣住了。凱思琳停了下來,看著似乎渾然不覺正升起一股緊張氣氛的總工程師。

突然,他意識到了,解釋說:「哦,沒事,我其實,呃,我真的是在做筆記。你們不相信的話可以看。」他試圖讓大家看他正在電腦上建立的新檔案。

每個人都因為馬汀急著解釋行為、無意違逆團隊規定而莞爾。凱思琳也笑了,很高興這位工程天才突然熱中於正在進行的事情。「沒關係。我們相信你。我這回不追究。」

凱思琳看看手錶,發覺大家已經好幾個小時沒休息過。「時間晚了。我們先休息半小時,再回來完成這個部分。」

大夥嘴巴上不承認,臉上卻流露出失望的神情。小傑挺身說出心中的想法:「我們繼續把最後一項討論完吧。」接著,他又幽默地補充:「如果沒弄清楚

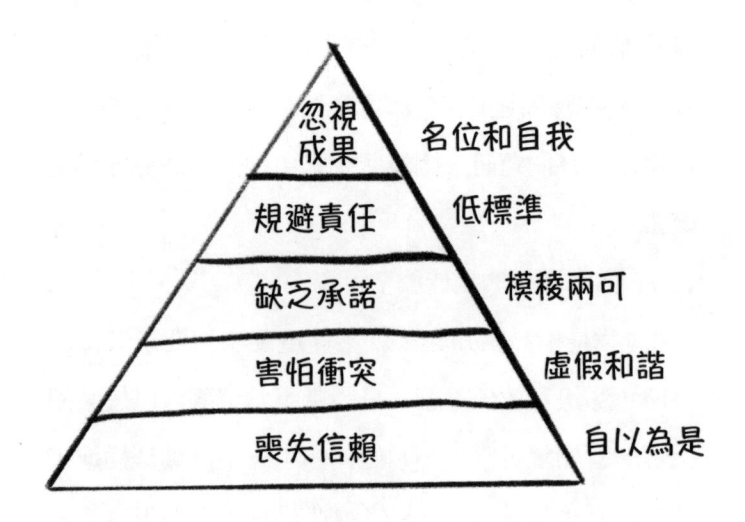

```
        忽視成果    — 名位和自我
       規避責任    — 低標準
      缺乏承諾     — 模稜兩可
    害怕衝突      — 虛假和諧
   喪失信賴       — 自以為是
```

它到底是什麼的話,在座大概沒人能夠放鬆休息。」

小傑的意見聽來帶點嘲諷,但是幽默的語氣中,卻透露出微妙的認可意味。無論這些話代表承認自己先前發言莽撞無禮,或肯定凱思琳的解說正確,重要的是,他語調中「要求繼續」的這個訊息。

凱思琳樂於從命。她再次走向白板,並且寫下**規避責任(avoidance of accountability)**。

她解釋:「一旦釐清利害得失並且同意支持,接下來,必須彼此要求,為所承諾的工作負起責任、達

到卓越的行為與績效。當然，說來容易，做起來困難。大多數高階主管不願這麼做，特別是涉及到某位同事的行為問題時，因為想要避免把人際關係弄得很緊張。」

「你到底指的是什麼？」傑夫問。

「我是指，明知必須就某件重要事情要求某位同事時，卻決定放任不管，只因為不希望陷自己於某個處境，譬如說，當……」她停頓了一下，馬汀插進來幫她把話說完，「……當會議進行時，必須告訴某人關掉電腦。」

「一點沒錯，」凱思琳滿懷感激地確認。

卡洛斯補充說：「我也不喜歡這樣。我很不希望非得告訴某人，他的水準太差。我寧可只是容忍、避免……」他試圖找出適當的說法。

珍幫他說：「……把人際關係弄僵。」

卡洛斯點點頭。「是的，這是實情。」他想了一下繼續說：「奇怪的是，對部屬說明想法時，就沒這麼難了。大多數時候，我似乎就直接提出要求，即使

面臨棘手的問題也一樣。」

聽到這個意見，凱思琳大感振奮。「沒錯。即使身為主管，有時連要為了某件棘手的事情向部屬直接攤牌，都覺得為難，要是面對同僚，就更是難上加難了。」

「為什麼會這樣呢？」傑夫問。

凱思琳還沒來得及回答，尼克已經代為解釋：「因為照理說，我們是平等的。我憑什麼告訴馬汀、米琪或珍，如何做好工作？這樣一來，就像我在問長問短、盡管別人的事一樣。」

凱思琳進一步解釋：「同事情誼，確實是導致團隊運作比較不可靠的問題之一。但是，還有別的原因。」

凱思琳環顧全場，沒有人有概念，正準備自問自答時，米琪臉上神情一亮，好像剛剛完成一幅拼圖，說：「沒有達成決議（no buy-in）。」

「什麼？」尼克問。

「我是說，沒有達成決議。如果大夥對某個計

劃,沒有表示出相同的支持,就不會要求彼此負起責任。也就是說,組織處於漫無目的的狀態,因為每個人只會說:『我反正從來沒有同意過這件事。』」

對這位不敢指望調教成功的明星學生,凱思琳大感驚訝。令她更吃驚的是,米琪繼續說:「這確實很有道理。」

大家面面相覷,好像在說,我有沒有聽錯?

這樣的氣氛下,當天最後一次的休息時間也到了,凱思琳於是宣布散會。

黑色喜劇

儘管凱思琳曾多次打造或改造出成功的團隊,她仍對過程中無可避免、而又起伏不定的變化充滿困惑。她經常自問:為什麼就是不能畢其功於一役?

按照道理,米琪和馬汀看似已經融入團隊,團隊的有效運作也應該比較容易推些。但是,凱思琳深知,事實通常與理論不合。她仍然需要一番艱苦奮鬥。畢竟,要破除長達兩年搞政治的行為慣性,絕非

易事。即使說服力再強,光靠一次演講,無法真正振衰起敝。痛苦不堪的強力革新,仍需持續進行。

　　凱思琳盤算了一下,距離首次外地研習結束,只剩幾個小時。她有點想提早結束會議,見好就收。但是這意味著,將損失兩小時寶貴的會議時間。另一方面,她也考量到,必須儘早有所進展,以免功虧一簣。

　　大夥休息過後,紛紛入座,凱思琳決定進行一個比較有趣的、跟衝突有關的討論主題,希望能在研習的最後階段,維持住大家的興致。

　　「我們來談談衝突吧。」

　　她察覺到,全場對要討論如此敏感棘手的主題有點失望。但是,凱思琳有備而來。

　　「有誰知道,衝突出現在什麼情況或場合中最有價值?」

　　一陣沈默之後,尼克試著回答:「會議嗎?」

　　「對。就是會議。如果不能學會在會議中參與觀念上的、建設性的衝突,大家也就不必混了。」

珍的臉上露出微笑。

「我這麼說，絕不是在開玩笑。要追求成功，必須具有熱切且毫不保留進行辯論的能力，而這將決定我們的未來。它的重要性絕不亞於公司發展的產品或簽訂的合夥關係。」

這時午後時光已過了大半，凱思琳也意識到，團隊正進入午餐過後的昏沈狀態，她的話似乎沒有進入大夥的腦海。必須趕緊設法讓這個話題變得有趣，才可能讓大家牢記在心。

「你們當中有多少人，寧可開會，而不去看電影？」

沒有人舉手。

「為什麼不呢？」

一陣沈默過後，傑夫發覺到她其實並不準備自問自答，只好硬著頭皮說：「因為，即使再不好看的電影，也比開會有趣。」

大夥呵呵笑了。

凱思琳微笑著說：「沒錯。但是，各位不妨認真

想一想，會議其實和電影一樣有趣。我兒子威爾念過電影，他讓我了解，會議和電影有很多共通之處。」

這群人的懷疑顯然甚於好奇，但是至少凱思琳已經引起他們的興趣。「大家不妨這麼想。電影通常要演一個半小時到兩小時，會議的時間也差不多。」

紛紛點頭，但是靜候下文。

「還有，會議是互動的，而電影不是。我們不能對螢幕上的演員大吼：『傻瓜，別走進那個房子！』」

大多數人都笑了。他們真的開始對我有好感了嗎？凱思琳當下並不太有把握。

她繼續說下去：「更重要的是，電影對我們的生活沒有任何實質的影響。它不會要求我們根據故事的結局，採行一定的做法。然而，會議不但是互動的，影響更是深遠。我們必須要能表達意見，而討論結果往往也直接影響到我們的生活。總而言之，我們為什麼對開會避之唯恐不及？」

沒有人回答，凱思琳因此改採激將法。「別裝傻了，我們為什麼討厭開會？」

「開會枯燥乏味。」米琪對自己的回答非常滿意。

「沒錯。開會枯燥乏味。如果我們要弄清楚箇中原因，就要拿開會跟電影做比較。」

這群人現在又開始興致勃勃了。

凱思琳繼續。「不論動作片、文藝片、喜劇片或附庸風雅的法國新電影，每部值得觀賞的電影，都必須具備一個關鍵要素。請問是哪個要素呢？」

馬汀冷冷地回答：「既然我們是在討論衝突，我猜就是衝突吧。」

「是的，我之前已經點到了，不是嗎？任何一部偉大的電影都有衝突。沒有這個要素，我們對劇中人物的遭遇，根本不感興趣。」

為了加強效果，凱思琳刻意停頓一下，再繼續說出下面一段妙語。「我向你們保證，從現在開始，每次幕僚會議都會充滿衝突，也不再枯燥乏味。如果沒有值得辯論的事情，我們就不開會。」

團隊成員似乎滿喜歡這個聲明，凱思琳也想馬上實踐承諾。「所以，我們現在就開始吧。」她看了一

下手錶。「距離活動結束,還有將近兩個小時,就讓我們像支團隊一樣,進行第一次重大決策會議。」

尼克一臉認真地表示反對:「凱思琳,我可能礙難照辦。」冷不妨有此一舉,大家都在等他解釋。「我還沒拿到任何議程資料。」

在場的人,包括傑夫,都因為尼克沒有惡意地開了前任執行長這個玩笑,大笑不止。

付諸實踐

凱思琳一點也不浪費時間。「好,就這樣設定。會議結束之前,我們要訂定出今年度的共同首要目標。此時此地,我們也沒有任何做不到的藉口。誰要先試試看。」

「你指的究竟是什麼?」珍問,「是像主題之類的嗎?」

「沒錯。我們要找出來,從現在到年底前,什麼是努力的首要目標。」

尼克和小傑異口同聲回答:「市場佔有率。」

除了馬汀和珍之外,圍坐會議桌的一群人無不點頭稱是。凱思琳點名這兩位。

「你們似乎不這麼想。那你們的看法呢?」

馬汀解釋:「我認為重點應該是產品開發。」

珍補充:「我還不太確定,不過,難道我們不應該把成本控制列為第一優先?」

凱思琳忍著不回應,反問在座者:「誰來跟他們較勁一番?」

小傑自告奮勇。「好吧,我認為我們的技術與兩大競爭對手不相上下,或者還更強,可是他們在市場上更受歡迎。如果我們的市場佔有率落後太多,產品再好,也將於事無補。」

馬汀毫不掩飾地皺起眉頭:「如果你說得沒錯,那麼反過來想,如果我們在產品方面不如人,情況也好不到哪裡去啊。」

一貫扮演和事佬的卡洛斯開口了:「難道不能有一個以上的首要目標嗎?」

凱思琳搖搖頭。「如果每件事情都重要,就等於

沒有什麼是重要的了。」她忍著不多解釋，希望由大夥討論出結論。

珍鍥而不捨地問：「誰能告訴我，為什麼成本控制不是首要目標？」

米琪立刻回答她：「因為，如果不找出開源之道，減少開支根本無濟於事。」米琪的語氣令人不悅，但言之有理。連珍都點頭表示贊同。

凱思琳做了簡短評論：「這是我到目前為止，聽過最有建設的對話。請繼續討論。」

這番話讓傑夫勇氣十足地提出個人看法。他面有難色，露出不想延續這個話題的表情：「各位，我懷疑市場佔有率是現階段的適當指標。其實沒人知道市場規模有多大，以及它未來的發展方向。」他停頓一下，思索接下來要說的話。「我認為，我們只需要招攬更多牢靠的顧客。至於究竟比競爭對手多 20 個、還是少 20 個顧客，似乎沒那麼重要。」

米琪插嘴進來：「這跟市場佔有率沒有兩樣。」

「我可不覺得，」傑夫做出回應，但絲毫沒有辯

解的意味。

米琪翻了個白眼。

尼克希望避免重蹈前一天與米琪之間的衝突。「大家聽好,不論我們稱它是市場佔有率還是招攬顧客,其實都沒有關係。我們需要的是全力銷售。」

凱思琳講話了:「我認為大有關係。小傑,你認為呢?」

「我想傑夫說得對。如果我們能有足夠的忠誠顧客,又能為我們的產品背書,那麼,亮麗的業績指日可待。坦白說,我現在並不在乎競爭對手正在做什麼。想這些只會自亂陣腳,至少在我們順利上路、並在市場上站穩前是如此。」

馬汀的話中則帶有火藥味:「聽著,這樣的對話,根本就回到先前每次開會的老調。不是市場佔有率對上營收,就是留客率對上顧客滿意度。在我看來,盡是空談。」

凱思琳強迫自己保持緘默,讓大家有機會思索一下馬汀的說法。接著,她問:「那麼,這些爭執通常

如何收場？」

馬汀聳聳肩，然後說：「我看我們沒什麼時間了。」

「好吧。讓我們在五分鐘之內結束討論。在場每個人，都認為公司未來九個月的成敗關鍵與市場佔有率、顧客、營收等有關嗎？如果有人有異議，現在儘管大聲說出來。」

大夥互相看一看，聳聳肩，好像在說，我也沒什麼更好的答案。

「很好。那麼，我們就以表決的方式結束討論。我想聽聽看，主張營收的理由。小傑，你的看法如何？」

「嗯，可能會有人辯稱，營收才是最恰當的答案，因為我們需要現金。不過，坦白說，我認為現階段，它的重要性遠不及向全世界證明，顧客喜歡我們的產品。營收比不上談成交易和取得新顧客的重要程度。」小傑的這席話，顯然只是說服自己放棄以營收為答案，「這樣說，夠清楚嗎？」

「對我而言,夠清楚了。」凱思琳想再做確認。「所以,並沒有人主張營收是我們當前最重要的目標?」

珍偏頭看了她一眼,並且大聲地說:「妳是說,我們不需要營收目標嗎?」

「我不是這個意思。當然要有營收目標。只不過,營收不是我們目前評量成功的標準。我們已把這個問題縮小到市場佔有率和新顧客。誰可以告訴我,為什麼市場佔有率是最佳答案。米琪?」

「很簡單,市場佔有率是分析師和新聞媒體界定成功的指標。」

馬汀反駁:「不,米琪。每次我以公司創辦人身分接受媒體採訪,大家總是問我有關重要顧客的問題。他們想要知道,有哪些知名企業與重量級人士願意推薦我們。」

米琪聳聳肩。

凱思琳挑戰她:「妳聳肩是因為不同意並且認輸,還是因為覺得他的論點好像更有說服力而無可反

駁?」

米琪想了想,回答:「第二種。」

「好吧。我們接下來談談爭取新顧客。誰能告訴我,為什麼這是我們共同的首要目標?」

這回凱思琳不用點名,卡洛斯自告奮勇。

「因為這會讓新聞媒體有材料可寫,讓員工有信心,也提供馬汀和他的工程師們更多產品點子,並且為我們隔年的再出擊背書,贏得更多顧客。」

小傑插嘴說:「更別提後續銷售了。」

「各位,」凱思琳宣布,「除非我在接下來五秒鐘裡,聽到新而有力的意見而改變心意,看來我們的主要目標已經出爐。」

明確數字

幕僚成員彼此對望,好像在說,我們果真有志一同了嗎?

但是凱思琳還要明確的數字。「我們需要爭取到多少新顧客?」

這群人似乎受到討論出具體內容的鼓舞，顯得興致勃勃。因此，接下來的30分鐘裡，熱烈爭辯著能力所及的新顧客數量。

珍遊說的數目最多，其次是尼克和米琪，小傑則低調地力主最少的人數，希望盡可能壓低數字，以免打擊銷售人員的士氣。傑夫、卡洛斯及馬汀的主張則介於兩個極端之間。

辯論的火力告一段落，凱思琳插嘴進來：「好，除非有人有所隱瞞，我想我已經聽到在場所有人的意見。意見可能無法完全一致，並沒有關係，因為這不是在探究真理。我將根據你們的意見，定出數目，大家也要堅持達成那個數目。」

她停頓一下，繼續說：「珍，我並不打算在今年談成30筆生意，我曉得妳很喜歡那在帳面顯示的營收數字。至於小傑，我可以了解，你想維持部屬士氣的用心，但是10筆並不夠。我們的競爭對手爭取的成績，超過這個數字一倍，而且如果我們只做10筆生意，分析師將棄我們而去。」

小傑沒有抗拒凱思琳的推斷。

她繼續說:「我想,如果能爭取到 18 個新顧客,其中至少有 10 個會願意為我們的產品背書,有這樣的表現就算不錯了。」

她停頓下來,好讓大家有機會提出意見。眼看沒有其他意見,她宣布:「那就這麼決定了,我們將在 12 月 31 日前,爭取到 18 位新顧客。」

沒有人能夠否認,團隊在 20 分鐘之內獲得的進展,勝過平常花一整個月開會的結果。接下來的一個小時,大家深入探討,爭取新顧客的相關議題,包括每個人在行銷、財務、乃至工程技術上需要如何進行,才能實現談成 18 件交易的目標。

距離外地研習正式結束還剩 15 分鐘時,凱思琳決定對討論做個總結。「好吧,今天的討論到此為止。下週將會召開幕僚會議,屆時再進一步探討與此相關以及其他的重要議題。」

大夥似乎因為研習即將結束而鬆了一口氣,凱思琳則問了最後一個問題:「在離開前,還有沒有任何

意見或問題想提出來?」

沒有人想要多待,只有尼克決定提出個人感想:「我必須說,過去兩天獲得的進展,比我原先的預期大得多。」

珍和卡洛斯點頭表示贊同。令大家意外的是,米琪這回竟然沒翻白眼。

凱思琳並不確定,尼克是要表明對她的看法,還是真的對所發生的一切有所領悟。她決定在事態不明前,暫且肯定他的誠意,並接受這意在言外的讚美。

然後,小傑說話了:「我同意尼克的看法。我們在這裡完成了很多事情,而釐清首要目標,也確實會有幫助。」

凱思琳察覺他似乎話中有話。她的懷疑沒錯。

小傑繼續說:「我只是在想,是否還需要舉辦這樣的外地研習。我的意思是,我們已有重大進展,也必須利用未來幾個月進行很多工作、贏得交易。或許我們可以先看看事情的發展⋯⋯」

他的話才說一半,馬汀、米琪和尼克已小心謹慎

地點頭贊同。

　　凱思琳幾分鐘前的成就感頓時大減。她很想斷然駁回小傑的提議，但也想等看看，是否有人會為她出面解圍。就在她感到絕望時，傑夫說話了，並且顯然是認真思考過凱思琳的許多想法後，才開的口。

　　「我必須要說，取消兩週後的第二次研習不是個好主意。我覺得回到工作崗位後，我們很容易就會回到過去幾年來的老問題。過去兩天，我坐在這裡，內心其實痛苦不堪。因為我了解到，自己在帶領團隊同心協力上有多失敗。我們其實還有很漫長的路要走。」

　　珍和卡洛斯點頭表示贊同。

　　凱思琳則利用這個機會，為她的團隊做好心理準備，好迎接即將到來的挑戰。她提醒小傑和尼克，會議開始時她所做的評論：「我很感激你們渴望爭取到交易、而想盡可能多花時間工作的心意。」她有點言不由衷，只是希望不要太早刺激和抨擊對方。「不過，我要提醒各位，昨天我在研習會議一開始所說

的。我們比競爭對手擁有更多的現金、更好的技術，以及更有才華和經驗的高層主管，而我們還是落後。我們少的正是團隊合作。我也可以向大家保證，對我而言，保住執行長位子，其重要程度絕對比不上使你們、我是指我們，更像團隊那樣有效運作。」

米琪、馬汀及尼克的表情似乎比較軟化了，但是凱思琳繼續說下去。「我接下來要說的，又比這兩天所做的任何評論還重要。」為了加強效果，她停頓一下。「未來兩週，我會對缺乏信賴、或自私自利的行為不假寬貸。我也會鼓勵衝突，促成明確的承諾。也期望你們大家彼此督促、負起責任。只要看到不當的行為，我都將糾舉出來，希望你們也這麼做。因為我們沒有時間可以揮霍。」

房間裡一片沈默。

「好了，我們兩個星期後再回到這裡。請大家小心開車，明天辦公室見。」

正當大家忙著整理行李準備離開之際，凱思琳對兩天來所完成的一切，難免有種躊躇滿志的感覺。不

過,她也逼自己正視事情的可能發展。因為接下來,情況只會惡化、甚至更嚴重,而後才可能漸入佳境。

外表上看來,大多數幕僚因為經歷一場預期中的痛苦歷程,而顯得嚴肅平靜。這表示,如果他們在下次外地研習時得知有人將不再出現,可能也沒人會感到意外。真正令大家大吃一驚的是,缺席的竟然不是米琪。

03

汰舊換新

　　一回到辦公室，外地研習期間的進展迅速退化，速度快得連凱思琳都大感驚訝。

　　要說完全沒有效果，其實也不盡然。例如，卡洛斯和馬汀就曾召開過一次顧客滿意度的跨部門會議，讓公司員工私底下議論紛紛。但是，在凱思琳眼中，團隊成員之間仍處於高度戒備中，連對她也不例外。

　　凱思琳根據在公司裡觀察到的行為舉止，確信這個團隊已把兩天的納帕研習會忘得一乾二淨。他們極少互動，相敬如冰；同時似乎對彼此曾經坦誠告白，

覺得難為情,假裝根本沒發生過那回事。

但是,凱思琳對這番風雨經驗豐富。儘管很失望團隊沒能完全吸收在外地研習時學到的概念,但是她也了解,這是一開始的典型反應。她深知,唯一的化解之道,就是即刻回歸常態,讓血液再度順暢流通。萬萬沒想到的是,組織就要發生動脈大出血的問題。

實地操練

事情就發生在外地研習結束後的幾天,凱思琳預備在當天稍晚,主持她的首次正式幕僚會議。

在此之前,尼克召集了一個特別會議,準備就一件併購案集思廣益。他邀請有興趣的團隊成員前來參加,但是明白表示,需要凱思琳、馬汀、小傑及傑夫到場。珍和卡洛斯也都出席了。

會議開始前,尼克問:「小傑人呢?」

「一大早他就沒出現,」凱思琳說,「我們開始吧。」

尼克聳聳肩,接著把一疊精美小冊子分發給同

事。「這家公司的名字是綠香蕉（Green Banana）。」大家都笑了。

「我知道這聽來很『俗』。真不曉得他們怎麼會想到這個名字。總之，這是家波士頓的公司，如果不跟我們合作，也可能成為潛在的競爭者。情況很難說。廢話少說，我認為我們應該考慮買下這家公司。他們亟需現金，而我們目前手頭寬鬆。」

傑夫彷彿董事會成員般，首先發問：「我們會得到什麼好處？」

尼克早已盤算過，也認為這樁交易合理可行，因此很快就回答，「顧客。員工。技術。」

「有多少顧客？」凱思琳想知道。

尼克還沒來得及回答，馬汀問了另一個問題：「它的技術很強嗎？我從來沒有聽說過這家公司。」

尼克再次迅速回答：「它的顧客規模大約是我們的一半。」他邊看著筆記說。「我想，大約20個。至於技術能力，至少足以滿足這些顧客。」

馬汀一臉懷疑。

凱思琳皺著眉頭。「有多少員工？全都在波士頓嗎？」

「是的，員工大約有75人，除了其中的七個人以外，全都在波士頓的豆城（Beantown）。」

在納帕的外地研習會議中，凱思琳一直小心克制不表示意見，以培養部屬的團隊技能。但是，在真實世界的決策關鍵時刻，克制並非她的本色。「等等。尼克，我覺得不妥當。這麼一來，公司的規模會擴增50%，並且增加一整套新產品。我覺得我們的挑戰已經夠多了。」

雖說對反對意見早有心理準備，但是尼克的不快還是溢於言表。「如果不採取這種大膽行動，將會錯失大幅領先競爭者的機會。我們的眼光必須放遠。」

這時，換成馬汀翻了個白眼。

凱思琳不放過尼克。「首先，我必須要說，米琪應該要參加這次會議。我想知道她在市場定位和策略方面的看法。我也……」

尼克打斷她：「米琪對這個討論毫無幫助，這和

公共關係或廣告完全無關。這是策略問題。」

在座的人都感受到，凱思琳想嚴斥尼克對不在場的人如此刻薄的說法。但是，她決定等一會再來處理。「我還沒把話說完。我同時認為，併購案會加劇目前公司內部的政治角力。」

尼克深深吸了一口氣，一臉不敢相信必須跟這樣的人打交道的表情。就在他可能說出令自己後悔的話前，珍插嘴進來：「據我了解，我們的現金條件雖然比任何競爭對手好，也勝過矽谷地區90％的科技公司；但是，除非有十足勝算，否則即使擁有大筆現金，也不代表就應該花掉。」

此刻，尼克即將為所說的話而後悔：「恕我冒犯，凱思琳，談到領導會議和促進團隊合作，妳可能是一位優秀的高層主管。但是，妳對我們這行一無所知。我認為，在這種事情上，妳應該聽傑夫和我的。」

房間裡的空氣頓時凝結。凱思琳以為有人會反擊尼克的激烈言論。她錯了。事實上，馬汀竟然故意看

看手錶說:「嘿,很抱歉,我還有一個會議。如果你們需要我提供意見,請隨時跟我說。」話一說完就走了。

做出抉擇

凱思琳一心準備利用時機,糾正部屬可能傷害團隊的破壞性行為。只是萬萬沒想到,第一次機會竟然和她有關。這使得情況更加棘手,卻又非處理不可。問題在於,她到底應該私下解決,還是當著其他團隊成員面前了斷?

「尼克,你希望我們現在談一談,還是要單獨談?」

開口前,尼克謹慎思考她的問題,心知肚明接下來要發生的情況。「我想,我大可男子氣概地說:『有話直說無妨。』但是我想,我們還是應該單獨處理這件事情。」他臉上的微笑稍縱即逝。

凱思琳請求其他團隊成員退席,讓尼克和她留下來單獨談一談。「今天下午幕僚會議上見。」他們欣

然離開。

等他們一走，凱思琳就開口了，只是語調自信且輕鬆自在，鎮靜程度遠超過尼克的預期。

「好吧，首先，絕不要攻擊任何一位不在場的團隊夥伴。我不管你對米琪有什麼看法，她是這個團隊的一員，你有意見必須直接對她、或者對我提出來。你以後必須確實做到。」

尼克昂然 190 公分的身軀，看來卻像一個愣在校長辦公室的國一學生。但是，他很快就把各種挫折感發洩在凱思琳身上。「妳看，我在這裡根本沒事可做。照理說，我們目前應該要快速成長，進行更多併購案。我不能只是乾坐著，眼看這個地方……」

凱思琳打斷他。「所以，這和你有關？」

尼克似乎沒聽清楚她的問題。「什麼？」

「這件併購案，跟你想要有事情做有關？」

尼克想要退縮。「不，我認為這個構想很好。對我們而言，它具有策略性作用。」

凱思琳只是坐著聆聽，尼克則像接受審問的罪犯

般，開始和盤托出。「但是，妳說的也沒錯，我在這裡完全無用武之地。我把全家人大老遠地搬來，不外是期望有一天或許能夠主掌這個地方。如今我感到厭倦、無助，還眼看著同事毀了一樁美事。」尼克眼睛朝下，拚命搖頭，想甩掉對自己處境的內疚與不解。

凱思琳平靜地回應他：「你認為是因為自己的言行，這事才給搞砸了嗎？」

他抬起眼。「不。我的意思是，我原本應該負責公司的成長、整合及併購。但是，只因為董事會心念一轉，這些事情都沒在進行……」

「我現在談的是更大的問題，尼克。你是在設法讓這個團隊變得更好，還是在引發它的障礙？」

「妳認為呢？」

「我不認為你在讓團隊變得更好。」她停頓了一下。「無論你是否負責掌管這裡，其實你是可以有所貢獻的。」

尼克試著要做解釋：「我並沒有想要搶妳的位子的意思。我只是在發洩，而且……」

凱思琳抬起手。「別擔心。你隨時都可以發洩。但是，我必須說，我沒看過你自告奮勇幫忙別人。我看到的都是你在嚴厲批評他們。」

尼克打從心底不同意凱思琳的說法。但是他以退為進地反問：「好吧，妳認為我該怎麼做？」

「你為什麼不試著告訴其他團隊成員，你所為何來。把你剛剛告訴我的全告訴他們，關於你自覺無用武之地，以及你老遠舉家搬來……」

「這跟我們是否併購綠香蕉並不相干。」

這個可笑的名字讓他們兩人都笑了，但只有在這一剎那。

尼克繼續說下去，「我的意思是，如果他們不了解，為什麼我們需要做這樣的事情，那麼或許……」他欲言又止。

凱思琳接下他的話：「或許什麼？或許你應該辭職？」

這句話擊中尼克的要害。「這正是妳想要的嗎？如果正是如此，那麼，或許我會這麼做。」

凱思琳只是坐著不發一語,讓尼克自己冷靜下來。然後說:「這跟我想要什麼無關,而是跟你有關。你必須決定:協助團隊成功或增進自己的前途發展,何者比較重要。」

凱思琳知道,這句話聽來有點嚴苛,但是,她很清楚自己正在做什麼。

「我不了解,為什麼這兩者是互相排斥的,」尼克辯稱。

「這兩者並沒有互相排斥。只不過,其中一項必須要比另一項更重要。」

尼克望著牆壁,搖搖頭,拿不準到底該生凱思琳的氣,還是該感謝她逼得自己做出抉擇。「再說吧。」他起身,走出了房間。

衝突升高

下午 2 點不到,大夥已經在大會議室裡就座完畢,等著會議開始;這裡的大夥指的是,除了尼克和小傑之外的所有人。凱思琳看了看手錶,決定立即

開始。「好的,今天我們會很快檢討每個人手邊的工作,然後會為需要爭取到的 18 筆生意,預作準備。」

傑夫正想問凱思琳,尼克和小傑到哪裡去了,尼克走了進來。

「抱歉我遲到了。」會議桌還有兩個位子,一個在凱思琳隔壁,另一個在會議桌的另一頭,正好與她遙遙相對。尼克挑了遠離執行長的位子。

考慮到稍早發生的事情,凱思琳不想責備尼克遲到。其他團隊成員似乎也能理解她的隱忍克制。

凱思琳一心想立刻展開會議。「在我們開始之前,我需要⋯⋯」

可是,尼克插嘴:「我有話要說。」

大家曉得,尼克有可能魯莽無禮。即使如此,他打斷凱思琳的方式,加上在凱思琳第一次正式主持幕僚會議時遲到,不免讓大家覺得他膽大妄為。詭異的是,凱思琳平靜如常。

尼克開口:「各位,此時此刻,我需要把一些心裡的話說出來。」

在座沒有人回應。可是在他們內心,卻是五味雜陳翻騰不已。

「首先是關於今天早上的會議。我的做法不當。我應該要確定米琪會出席,而我針對她所說的話也不公平。」

米琪先是震驚、繼而氣憤,但是並未發言。

尼克對她說:「別想歪了,米琪。待會我會跟妳解釋。沒什麼大不了的事。」

很奇怪,米琪好像真的因為尼克的坦率直言和自信而放心了。

他繼續說下去:「其次,儘管我認為,綠香蕉可能是我們需要考慮的案子,然而我執意想進行這樁交易,可能與我想要有所發揮有關。老實說,我開始覺得,決定到這裡,是我的工作生涯中錯誤的一步,我一心想要有所成就。但是,我不知道該如何在個人履歷上說明,過去的十八個月我做了些什麼。」

珍看著凱思琳,她看起來是房間裡唯一神態自若的人。

尼克繼續說：「但是，我認為該是面對現實，並且做出決定的時候了。」說下去前，他停頓了一下。「我需要改變。我需要找出為這個團隊、以及這家公司貢獻己力的方式。我也需要你們大家的幫忙。否則，我就應該離開。但是，我還不準備這麼做。」

凱思琳也想說，尼克留下來是意料中事，但是事後她向丈夫坦承，當時確實擔心，尼克會宣布辭職。儘管猜錯了，她還是對尼克決定留下來倍感振奮。為什麼，她也說不上來。

房間裡鴉雀無聲，大家都不知道該如何回應這段有違尼克以及團隊慣有作風的聲明。凱思琳很想讚許尼克的開誠布公，但是決定此刻無聲勝有聲，讓一切盡在不言中。

當團隊顯然已經充分適應這個衝擊、無須任何補充說明時，凱思琳打破沈默逕自表示：「我要宣布一件事情。」

馬汀自忖，就要目睹一場集體擁抱、或聽到凱思琳某種意在言外的安慰聲明。他全猜錯了，因為凱思

琳說,「小傑昨天晚上辭職了。」

如果尼克的發言讓房間裡一片安靜,現在就是徹底死寂。但是,只維持了幾秒鐘。

「什麼?」馬汀第一個反應過來。「為什麼?」

「不太清楚,」凱思琳解釋,「至少,根據他告訴我的,可以確定的是,他回到愛德軟體(AddSoft)擔任區域副總裁。」

在說出以下的意見前,凱思琳猶豫片刻,一度考慮保留不說,但是她認為這樣做並不適宜。「他還說,他不想把時間浪費在解決個人問題的外地研習會議上。」

又是一次令人窒息的時刻。凱思琳屏息以待。

米琪率先說話了:「好吧,在場還有誰認為,打造團隊這件事進行得過頭了?我們究竟在讓情況好轉、還是變得更糟?」

連卡洛斯都瞠目皺眉,好像在考慮贊同米琪的意見。房間裡明顯浮起一股對凱思琳不利的壓力。

換位接手

這是凱思琳在決策科技的短暫生涯中,最漫長的三秒鐘。馬汀接著加入戰局。「嗯,在場的人都知道,我厭惡這個團隊改造工程。我的意思是,對我而言,這件事總讓我覺得渾身不自在。」

凱思琳想聽的不是這個。

馬汀接著把話說完:「但是,小傑的說法是我所聽過最扯的屁話。我認為,小傑只是擔心自己的銷售表現。」

傑夫表示贊同。「幾個月前,他的確在機場喝啤酒時,向我坦承他的憂慮。老實說,他從來沒有在尚未誕生的市場上銷售過產品。而且,他比較喜歡有知名品牌的支持。他還說,他一生中從未失敗過,也不想在這裡嚐到失敗的滋味。」

珍補充:「他也不喜歡我們問他有關銷售的問題,覺得我們好像在攻擊他。」

米琪也插嘴進來:「無論如何,我們的生意大部分是馬汀和傑夫談成的。我不認為那傢伙真的知道該

如何……」

凱思琳才要開口，尼克已經出聲了：「各位，我知道我最沒有資格這麼說，因為，背地裡批評小傑最厲害的人，非我莫屬。但是，請大家適可而止。他已經離職了，當務之急，應該是想想接下來該怎麼做。」

卡洛斯自告奮勇。「我願意接管銷售部門，直到我們找到合適的人選。」

珍因為跟卡洛斯很熟，即使其他團隊成員在場，說起話來依然直言不諱。「你的好意我們心領了，可是我想這個房間裡，還有兩個人更有時間、也對銷售更有經驗。」她看著傑夫和他身邊的尼克。「我是說，你們兩個人中間的一位。」

傑夫立即回答：「別搞錯。你們要我做什麼都行。但是，我從來沒有負責過銷售部門，也沒有達成業績目標的經驗。我喜歡向投資人、甚至顧客推銷，前提是，我需要有真正的高手跟我配合。」

米琪提出看法：「尼克，你曾在前一家公司負責

現場營運,也在剛踏入社會時帶過銷售團隊,對不對?」

尼克點點頭。

馬汀補充說,「但是,我還記得我們當初面試尼克的時候,」馬汀提到別人時,習慣用第三人稱,就像這個人不在現場;這並非有意失禮,而是希望顯得更正式,「他說,他想擺脫現場人員出身的標籤,想要擔負更攸關企業經營的核心領導者角色。」

尼克再次點點頭,十分佩服馬汀對有關他的事情記得這麼清楚。「沒有錯。我覺得自己好像被禁錮在銷售和現場等第一線的營運領域。」

半晌沒人吭聲。尼克繼續說下去。「我必須說,我擅長銷售,也樂在其中。」

凱思琳忍下推薦尼克的衝動。傑夫則主動應和:「你確實已經和銷售部門建立了良好的關係。你也必須承認,就是因為我們沒有能力爭取更多生意,搞得你心灰意冷。」

卡洛斯開玩笑地說:「尼克,這下子情況很清楚

了。如果你不接手，他們就要接受我的好意了。」

凱思琳對著尼克聳聳肩，好像在說，他說得沒錯。

「既然這樣，我要是再推辭，就太矯情了。」

大夥全笑開了，就在這時，火警警報器突然響起。

珍拍了一下前額。「該死，我忘了。今天有火災演習。半月灣消防局要求我們，每兩年演習一次。」

大家慢條斯理地收拾自己的東西。

馬汀最後還不忘幽上一默，自言自語道：「感謝上帝。我隨時都能感覺到，大夥就快要抱成一團了。」

辦公室八卦

幾天後，凱思琳的筆記型電腦出了問題，於是打電話給技術部門，找人幫忙修理。技術部門只有四個人，負責人名叫布蘭登，是珍的直接部屬。由於部門人數少，布蘭登經常親自接聽電話，尤其是高層主

管、特別是執行長打來的電話。

布蘭登很快就趕過來，也找到了毛病。當他告訴凱思琳，電腦必須帶回去修理時，她同意但說明，電腦必須要在週末前送回來。

「喔，是的。你們又要做外地研習了。」

凱思琳並不驚訝布蘭登知道外地研習的事情。事實上，她很高興員工知道，當主管沒來上班時，其實是在花時間打造團隊。但是，布蘭登接下來說的話，卻讓她不得不留神。

「那些會議進行時，真希望我能化身成牆上的蒼蠅。」

凱思琳絕不是隨便聽聽而裝迷糊的人。「是嗎？為什麼呢？」

布蘭登的電腦能力令人驚嘆，而在社交上的遲鈍程度同樣驚人。他不假思索就回答：「這麼說吧，這裡的人可是願意花大錢，觀看米琪為她的態度自食惡果。」

凱思琳不否認，當她聽到公司裡其他人也不滿米

琪的行徑時，心中也很暢快；但是基本上，布蘭登的評論令她有種失望的感覺。她也納悶，公司裡還有多少員工，知道外地研習的詳細情況。

「嗯，我想我大概不會如此描述我們在那裡做的事情。」

凱思琳知道，布蘭登不該為這件事情受責備，於是改變話題，「總之，謝謝你幫我修理電腦。」

布蘭登離開了，凱思琳兀自思索，該如何跟珍和其他團隊成員，談談這件事。

納帕研習 2.0

隔週，也就是人盡皆知的「火災警報會議」過後沒幾天，第二次外地研習開鑼了。

凱思琳用一貫的說詞，揭開活動序幕。「我們有更多的錢、更優秀的技術、更有才華和經驗的高層主管；然而，卻落在競爭對手之後。請記住，我們來這裡，就是要開始像支團隊，更有效率地運作。」

凱思琳接著以平和不帶威脅的語氣，提出一個高

難度的主題。「我要問在座的人一個簡單的問題。如果你曾經告訴部屬有關外地研習的事,你說了些什麼?」

儘管勉力而為,凱思琳還是無法避免房間裡瀰漫著近似詰問的氣氛。「我無意攻擊任何人。我只是覺得,我們必須清清楚楚地了解,我們的行為舉止必須像支團隊。」

傑夫第一個發言:「我沒有告訴部屬任何事情。一句話也沒有。」

房間裡一片笑聲,因為傑夫其實已經沒有任何直轄部屬。

下一個發言的是米琪。「我只說,我們做了一大堆感人肺腑的演練。」她試圖博君一笑,但是大家心裡都明白,某種程度上,她說的是實情。沒有一個人笑。

馬汀突然變得有所防備。「如果妳認為我們做了什麼有問題的事,就直截了當說出來吧。我承認,我是和底下的工程師談了一些。他們想知道,我們是否

在浪費時間,我也認為他們有權知道。假使這樣就違反了保密原則,那麼我很抱歉。」

全場都為馬汀帶有挑釁的言論感到震驚,尤其它一反馬汀以往不多言多語、冷靜諷刺的語氣。

凱思琳忍住不笑。「等等,我並沒有生在場任何人的氣。我也沒說我們不應該和部屬談外地研習的事。事實上,上次開會時,我應該已經明確表示過,我們需要這麼做。」

馬汀似乎鬆了一口氣,表情有點尷尬。

珍接著說話了:「我對部屬說了很多。我也在想,他們當中是不是有人對妳說了什麼。」

凱思琳覺得珍看穿了自己的心思。「嗯,確實是妳手下的人,促使我提出這個問題。」

米琪對珍成為眾矢之的,似乎有些幸災樂禍。

凱思琳繼續說:「但是,這跟妳或其他特定個人都無關。我不過是想了解,各位對保密和忠誠的態度。」

「妳說的忠誠是指什麼?」尼克想要知道。

「我的意思是，你們認為誰才是你最親近的團隊？」

全場一片困惑。凱思琳不表意外地加以解釋：「我要說的，與保守機密資訊無關，或者可以說，那不是重點。我要說的不僅止於此。」

第一順位

凱思琳很懊惱，沒能把問題表達清楚。於是她改用另一種直截了當的說法。「我想知道的是，你們認為在座的這個領導團隊和自己領導的團隊，也就是你的部門，一樣重要嗎？」

頓時，在場的人似乎都明白了，而且看來好像對自己心裡的答案感到不自在。

珍問：「所以，妳正納悶，我們是否把這裡一些不足為外人道的事，向部屬吐露了？」

凱思琳點點頭。

米琪首先回應：「比起現在的這個團隊，我和部屬親密得多。我很抱歉，但這是事實。」

尼克點點頭。「我的情況似乎也是如此,除了我剛接掌的銷售小組之外,」他想了想,「但是,我認為不出幾個星期,我和他們的關係也會比跟這個團隊更親密。」

尼克的話帶有開玩笑的意味,也引來成員間低微的笑聲;然而,室內的氣氛頓時因話中令人感傷的事實,而低落下來。

珍接著發言:「我想在場的人大概都會說,自己領導的團隊比這個團隊重要。」她遲疑了一下,然後毅然決然地說:「但是,沒有人更甚於我。」

她這麼一說,**擄獲**了在場所有人的注意力。

「妳可以解釋一下嗎?」凱思琳態度溫和地問。

「嗯,誠如各位所知,我和部屬十分親近。八位直屬部屬中,有五個人曾在其他公司為我工作過,某種程度上,我就像他們的家長一樣。」

卡洛斯打趣說,「她是幼童軍小隊媽媽。」

他們哈哈大笑。

珍一邊微笑一邊點頭。「是的,我必須承認。這

也不是因為我太重感情。純粹是,他們知道我幾乎會為他們做任何事情。」

凱思琳點點頭,好像一下子全明白了。「嗯。」

馬汀為珍辯護:「這不是件壞事。我的工程師知道,我會保護他們免於任何干擾和阻礙,他們也因此為我鞠躬盡瘁。」

珍補充說:「而且,他們不會在遭逢逆境時一走了之。我下面的人忠誠得很。」

凱思琳只是聆聽,但是尼克察覺到,這並不是她要談的。「這就是妳所說的問題嗎?我原本以為,妳也希望我們做個好主管。」

「當然,我是希望如此,」凱思琳向他們全體保證,「我很高興,聽到你們對自己部屬如此用心。並且,這相當吻合我在最初進行的個別面談中所聽到的。」

全場等待著,好像在說,那麼,問題出在哪裡?

凱思琳繼續說:「但是當公司有一群好主管,而他們的行為表現卻不像一支團隊時,這會給他們自

己、也給公司造成兩難。因為這將會讓他們搞不清楚,誰才是他們最親近的團隊。」

傑夫想確認自己聽得沒錯:「妳是說,最親近的團隊?」

「沒錯,弄清楚誰是你最親近的團隊。並且這一切與最後一個障礙,也就是把團隊成果放在個人利害得失之上,大有關聯。你們最親近的團隊,必須是現在的這個團隊。」她環視全場,清楚表明,所指的是高層幕僚團隊。

「儘管我們對自己的部屬關懷備至、有情有義,儘管這對他們有好處,但是,絕不能因此犧牲對在座這群人的忠誠和承諾。」

團隊認真思索她所說的話,以及話中隱含的難題。

珍首先發言:「這很難,凱思琳。我的意思是,要我現在同意妳,打馬虎眼地保證,這是我最親近的團隊,並不難;但是,我無法想像,自己可能捨棄在部門裡辛苦經營的一切。」

卡洛斯試圖想出一個折衷辦法。「我不認為妳必須捨棄它，」他朝凱思琳看去，想尋求確認。

她瞇著眼睛看了看，好像很擔心又把話說死了。「這麼說吧，不一定要毀掉與底下團隊的情誼。但是確實得情願讓它成為第二順位。對你們很多人而言，這可能在感覺上就像是要捨棄它。」

大夥思索著這個令人為難的提議，沮喪感油然而生。

傑夫試圖讓大夥心情好一點。「想想看，我有多慘啊。你們這些傢伙以前就是我最親近的團隊。我根本沒有人可以抱怨訴苦。」每一個人，包括米琪在內，都笑了起來。

儘管傑夫是在開玩笑，但他們能夠體會這番話中的事實，不禁升起歉意。

奮力前行

凱思琳覺得有必要把話說清楚。「我不知道還能如何解釋這件事。但是，要建立一支團隊這件事，本

就不容易。」

沒有人答腔。凱思琳看到了他們臉上的疑慮。但是她並不擔心。因為他們的疑慮與建立團隊是否很重要，並不相干，而是疑慮自己是否能夠確實執行。對凱思琳而言，她寧可要這種疑慮。

凱思琳更進一步。「聽著。這件事情不是當下能解決的。它是一個過程，我們也不需要卡在這上頭、浪費時間空想。我們就從堅持進行打造團隊的計劃開始。這麼一來，要求以這個團隊為第一優先，就不會顯得這麼可怕。」

這群人似乎同意，暫且把驚恐擺一邊、全心建立團隊。凱思琳順勢提出一個簡單的問題：「請問，我們要怎麼做？」

傑夫首先發言：「我想，我們不能否認，從上次外地研習至今，發生的一切其來有自。我的意思是，如果妳事先告訴我，小傑會辭職，而且我們有像尼克這樣的人可以替代他的位子，我會認為，整個事件是妳打從一開始，處心積慮操縱的結果。」

尼克同意。「嗯，我從沒想到會負責這個工作，也確實沒想到我會有興趣接手。但是，我想我們的狀況可能還算不錯。話說回來，要達到業績目標，路還很長。」

凱思琳把話題拉回到先前的焦點。「但是，我們要如何做，才能像個團隊？」

珍回答：「我想我們做得還不錯。看來正朝正確的方向前進，也確實有更具建設的衝突。」

這群人又笑了起來。

「我倒不確定。事實上，我才開始感到懷疑。」說話的人是卡洛斯。但是凱思琳對冒出這樣的意見，並不意外，特別是出自卡洛斯之口。

「為什麼？」她反問。

卡洛斯皺起眉頭。「我不知道。我想，我始終覺得，我們好像沒有討論到什麼重大議題。或許只是因為我快要失去耐性了。」

「你心目中的重大議題是什麼？」珍滿腹狐疑地說。

「嗯,我並不想惹事生非⋯⋯」

凱思琳插嘴:「請直說無妨。」

卡洛斯擠出一個微笑。「嗯,我想,如果要達到團隊目標,我很懷疑公司的資源是否使用得當。」

馬汀的反應顯示,他意識到自己正是卡洛斯話中所指的對象。他的直覺沒錯。

「你說的資源是指什麼?」

卡洛斯結結巴巴地說,「嗯,我也不太確定。我們有一個相當龐大、幾乎佔了公司人力三分之一的工程部門。嗯,我們或許可以把較多資源,用在銷售、行銷和諮詢顧問方面。」

馬汀並未激烈攻擊這個說法。他喜歡採用他所謂的蘇格拉底式方法,也就是更苛刻挖苦的問答法。他正準備運用機智,挑戰卡洛斯,不料米琪卻加入戰局:「我同意卡洛斯所說的。坦白說,至少有一半的工程師,我不知道他們在做什麼。並且,我很希望運用公司的財力,加強行銷和廣告。」

馬汀的嘆息聲清晰可聞,好像在說,老戲碼又上

演了。房間裡的人都注意到了這份不滿。

凱思琳迅速為將要發生的一切設定基調。「好吧，讓我們以討論的方式解決這件事。還有，別預設我們做錯了什麼。我們應該為股東、還有員工找出使用資金的正確方式。這不是一場你死我活的宗教戰爭。這是策略問題。」

不過，凱思琳才稍稍舒緩了緊張對立的氣氛，又開始搧風點火。她對馬汀說，「我想，你對有人質疑公司在工程部門的投資，一定厭煩透了。」

馬汀保持鎮靜但不敢大意。「妳說得一點也沒錯。這正是我的心聲。大家似乎不了解，我們所投資的，並不是工程而是技術。我們是一家生產產品的公司。我才不可能做出那種花錢帶工程師出去打高爾夫球的事情。」

「得了吧，馬汀，」尼克大聲說，「工程師是不打高爾夫球的。」這位銷售部門的新領導人，幽默地緩和了現場氣氛後，又繼續說：「事實上，我們並沒有說你不負責任，而是你可能有點個人偏見。」

馬汀不想讓步。「偏見?聽著,我打電話爭取業務的次數,不比在場任何人少。我也和分析師談過……」

珍此刻插嘴進來。「等等,馬汀。我們並沒有質疑你對公司的責任感。只不過,因為你最擅長工程,這或許使你專注於產品方面的投資。」最後,珍點出問題的核心:「為什麼每當有人對工程部門有意見,你防備心就這麼強?」

珍彷彿對馬汀當頭潑了一桶冷水,而在場其他人無不受到波及。

米琪這時火上加油,只是語氣比平常要溫和:「她說得沒錯。你的反應好像在說,我們在質疑你的智商。」

此時的馬汀更加鎮定,堅持地說:「這不正是你們在做的事嗎?你們剛才不是說,我高估了產品研發和生產所需的預算?」

不像米琪那麼直接,珍很有技巧地解釋:「馬汀,你弄錯了,我們談的是更廣泛的層面。我們質疑

的是,產品究竟要多好,才能在市場上成功。我們質疑的是,在未來的技術發展上,究竟需要花多大的力氣。因為,這是公司的現有技術,能不能被市場接受的關鍵。」

名位和自我

凱思琳跳脫會議主持人的角色,針對珍的觀點做了補充:「馬汀,你不能靠自己苦思而找到解答。我不認為這裡有誰會這麼聰明,具備足夠的知識深度和廣度,不必向其他人請益,就能知道正確答案。」

諷刺的是,愈是合情合理的解釋,馬汀反而愈激動。他的急躁顯示,他可以輕易解決米琪虛張聲勢的大話,卻被珍和凱思琳的不偏不倚、合邏輯的論點困住了。

「聽著,我們在產品研發上,已投入這麼多時間,我可不希望將來在公司該死的墓誌銘上看到,這家公司的滅亡歸咎於技術太差。」團隊成員還沒有來得及反應,明顯表現出把「名位和自我」擺在團隊

利益之前的馬汀又繼續咆哮:「沒錯,我知道這聽來比較像推諉塞責,而不是想辦法協助公司制勝,但是……」對自己的行為,馬汀頓然語塞。

珍為他解圍:「而你怎麼看待我對財務的偏執呢?」對這個自問式問題,她隨即給了答案。「因為,我最不想看到《華爾街日報》上寫著,我們因為資金調度不及,必須關門大吉的消息。我相信,卡洛斯也不會情願,因為顧客服務的關係,導致公司每況愈下;米琪則不會希望,公司因為無法成功打造品牌而失敗。」

即使珍說得面面俱到,米琪似乎無法接受說到自己的那一段。她白了珍一眼,好像在說,我才不擔心那件事呢。

珍沒在意,繼續對其他團隊成員侃侃而談:「我們大夥似乎在鐵達尼號上爭搶救生艇。」

「我不認為情況有這麼絕望,」尼克反駁。

凱思琳倒是認同財務長的這個比喻:「至少,我們全都盡可能地站在救生艇附近,以防萬一。」

尼克點點頭，好像在說，好吧，這點算妳說得有理。凱思琳把談話拉回正題，並向馬汀提出一個誘導性問題：「對啦，我們剛剛談到哪裡了？」

　　馬汀深深吸了一口氣，搖搖頭，好像完全不同意先前大家所說的，可是接下來他的話卻令大家意外：「好吧，我們就來把這件事理清楚。」

　　他走到白板前，畫出自己部門的組織結構圖，解釋其中每個人從事的工作內容，以及彼此間如何搭配。馬汀的解釋令大家大開眼界，大家大感訝異，自己居然對工程部門的工作，以及它整體環環相扣的程度，認識如此膚淺。

　　馬汀解釋完之後，凱思琳給團隊兩個小時，就是否應該增減工程部門資源、如何挪用到其他領域等課題，檢討利弊得失。這段時間裡，團隊間不時激烈爭辯，想法一變再變，意見不斷修正。然而，大夥一致的共識，卻是並沒有絕對的正確答案。

　　或許最重要的是，包括凱思琳在內，每位團隊成員都曾走到白板前，拿起麥克筆塗塗寫寫，解釋自己

的觀點。如果有人在這過程中打呵欠，全然因為筋疲力竭，而非枯燥乏味。

最後，傑夫提出了解決方案。他提議完全刪除一種未來產品的生產計劃，另一種產品則先延後六個月。尼克接著建議，負責那些研究計劃的工程師，應接受訓練，支援業務代表的產品展示作業。

不出幾分鐘，一群人達成共識，也為變革訂定出了雄心勃勃的執行時程規劃。當大夥注視著眼前白板上複雜但切實可行的解決辦法，心中都驚訝不已。

凱思琳建議大家先吃午餐，「等會回來要討論的是，如何處理人際問題，以及要求別人負起責任。」

「我已經迫不及待了。」馬汀的玩笑話並沒有冷嘲熱諷的意思，也沒有人如此認為。

負起責任

午餐後，凱思琳決心持續早上會議所展現的活力。她研判，最理想的做法，還是直接進入實際議題，而不做演練。

因此，她要求尼克，帶領團隊檢討 18 件新交易案的工作進展。尼克走到白板前依序寫下：產品展示、競爭力分析、銷售訓練及產品說明書，而這也是第一次外地研習時，團隊一致同意全力以赴的四大重點。他按照順序，逐一討論。

「馬汀，產品展示研究計劃，進行得如何？」

「進度超前。事實顯示，一切比我們原先想像的要容易，所以，應該會提早一、兩週完成。卡洛斯在這裡頭幫了很大的忙。」

尼克不想浪費時間。「很好。卡洛斯，競爭對手分析做得怎麼樣了？」

卡洛斯把面前的一疊資料從頭到尾翻過。「我帶來了一份最新的進度摘要，但是卻找不到了。」他放棄不找，「這麼說吧，我們還沒有真正開始。我一直開不成會。」

「為什麼開不成？」尼克的耐性比凱思琳預期的好。

「嗯，坦白說，因為你底下有些人一直沒空。我

又忙著幫馬汀處理產品展示。」

一片沈默。

尼克決定表現得有點建設:「了解,我底下哪幾個人沒空?」

卡洛斯不想責怪別人。「我不怪他們。只不過……」

尼克打斷他:「沒關係,卡洛斯。儘管直說,哪些人需要更積極參與?」

「嗯,我想傑克很重要。還有肯。此外,我不確定是否……」

凱思琳此時介入:「有誰看到這裡面的問題?」

尼克率先回答:「我需要和幕僚充分溝通工作的優先順序,並且確定他們可以提供所需的支持。」

凱思琳承認這個考量很正確,但是還想聽些別的意見。「但是卡洛斯的部分呢?難道他不應該在今天之前,就找你解決這個問題嗎?當他說,甚至還沒開始競爭對手分析時,想不到在座的各位,竟然沒人出面質疑。」

又是一陣局促不安的沈默。

卡洛斯看來很篤定，也無意對老闆的問題過度反應。當下，他似乎認為這個批評還算公允。

馬汀迫不及待發言：「總不好去責怪總是熱心助人的人吧。」

凱思琳點點頭，然後語氣堅定地補充：「你說得對。但是，這不是個好藉口。事實上，卡洛斯身為公司的副總裁，需要根據共同的決議，更清楚判斷事情的優先順序，也需要知道，如何應付有求不應的人。」

凱思琳察覺到，卡洛斯被說得有點坐立不安，於是對他直言：「卡洛斯，我只是以你為例，因為你很隨和，不容易成為眾人的箭靶。可是，這個情形可能會發生在每個人身上。有些人因為樂於助人，很難被要求負責任。有些人自我防衛得太厲害。還有人會惡人先告狀。要求別人負起責任，絕不是件容易的事，即使是對自己的孩子也不例外。」

凱思琳這一席話，贏得部分在座幹部的點頭肯

定。她乘勝追擊:「我希望你們能就各自手邊的工作、時間支配的原則,以及是否夠努力、有績效,適時地互相質詢與挑戰。」

米琪又唱起反調:「但是這麼一來,大夥豈不缺乏互信?」

凱思琳搖搖頭。「不。信任和確保大家步調一致是兩回事。信任的真義在於,你心知肚明,當團隊成員催促你時,他們是出於對團隊的關心才這樣做。」

尼克澄清:「但是,我們必須用不傷和氣的方式催促才對吧。」

與其說尼克在發表看法,不如說是拋出另一個問題。凱思琳於是回答:「一點也沒錯。催促必須出於尊重,並且假定別人正在做的事情也沒錯。但是,不管怎麼說,催促是必要的。並且,絕不要手軟。」

這群人似乎開始領悟,凱思琳也為此暫緩片刻。然後,她要尼克讓討論繼續進行。

他樂於從命。「好的,我們現在討論第三項,也就是銷售訓練計劃。這是我負責的部分,我們也正按

照預定進度進行。我已經為銷售人員安排好為期兩天的訓練課程，還有，我認為在座各位也應該全體參加。」

米琪似乎不敢置信，「為什麼？」

「因為我們每個人都應該把自己看成是銷售人員。特別是，如果達成 18 件新交易的目標，是我們的第一優先的話。」

凱思琳不假思索：「這確實是第一優先。」

尼克繼續說：「那麼請各位屆時參與，我們都需要了解，要提供銷售代表什麼協助。」尼克給了大家訓練課程的時間，每個人也安分地寫在記事本上。

米琪看來餘怒未消。

「還有什麼問題嗎？米琪。」尼克問。

「沒事。沒事。就這樣吧。」

但是尼克不打算和稀泥。克制著心中的挫折感，他進一步追問，「真的沒有問題嗎？如果妳對不出席銷售訓練有什麼正當理由，我很願意聽聽。」他停下來，等待米琪的反應。直到確定沒有回音，他才繼

續,「坦白說,我想不出還有什麼更重要的事。」

終於,米琪語帶諷刺地回答:「好吧,我也希望每個人都參加下週的產品行銷會議。」

尼克再次按捺住情緒。「真的嗎?如果妳認為,我們應該全體到場,而這樣做也合情合理的話,我們就都參加吧。」

米琪無視尼克的善意,「算了,我會出席銷售訓練課程。我的產品行銷會議,除了馬汀以外,不必勞動各位大駕。」

當下,凱思琳篤定米琪將會參加銷售訓練。不幸的是,接下來的五分鐘,將使她大失所望。

單打獨鬥

尼克依序檢討第四項議題。「好的,產品介紹手冊進行得如何了呢?」他詢問米琪。

「已經全沒問題了。」米琪難掩得意。

尼克有點驚訝,「真的嗎?」

察覺到同僚的狐疑,米琪從電腦背包裡抽出一疊

精美小冊子，分發給在場每一個人。「這些預定下週送印。」

大家細看著美工設計、文案，房間裡沒有半點聲響。凱思琳感覺，大多數人很滿意這份資料的品質。

但是尼克似乎顯得不安。「妳之前跟我提過這個嗎？妳也知道，好幾位銷售人員正在為產品介紹手冊進行顧客意見調查，如果他們發現自己正在做白工，豈不瘋掉……」

米琪打斷尼克：「公司裡沒有人比我部門的人更懂這個。但是，如果你希望貴部門的人能錦上添花，我沒有意見。」很明顯地，她並不認為有此必要。

尼克顯得很狼狽。一方面，他著實佩服眼前的成品，然而，它出現的方式又令他倍感羞辱。「好吧，我會列出三、四個人的名單給妳，他們應該在我們進行下一步前，先看過這個東西。」

尼克的反應，瞬間澆熄了在場眾人因米琪進展順利而產生的興奮情緒。

傑夫試圖緩和尷尬的氣氛：「嗯，不管怎樣，妳

和幕僚把這份東西做得相當好。」

米琪對這讚美有點得意忘形。「謝謝啦。我確實煞費苦心。當然,這也正是我很拿手的事。」

在場的人對這位同事始終缺乏謙遜,頗不以為然,整個房間瀰漫著無聲的抱怨。

凱思琳難得衝動,但是決定不該再坐視不管。她宣布在 6 點晚餐前,會有一段很長的午休時間。她讓大夥解散離開,獨獨留下米琪。

攤牌時刻

等到其他人都離開房間,房門在背後關上後,凱思琳隨即後悔,有股想要獨自散步片刻的衝動。我如何才能讓這件事善了?她盤算著,可是很清楚當下已無退路。

米琪對即將發生的一切卻似乎毫無所悉。凱思琳不清楚,米琪的無知會讓這件事變得容易或更棘手。答案很快就要揭曉。

「米琪,這次談話會讓妳覺得不太好過。」

恍然大悟的神色在這位行銷副總裁臉上一閃即逝,「真的嗎?」

　　凱思琳深深吸了一口氣,直截了當切入核心,「我認為妳並不適合這個團隊,也覺得妳不會真想待在這裡。妳知道我指的是什麼吧?」

　　米琪臉上的驚愕遠超過凱思琳的預期。這是她咎由自取,凱思琳無奈地告訴自己。

　　米琪無法置信。「妳是在說我嗎?八成是開玩笑吧。這個團隊所有人當中,妳竟然認為我……」她說不下去了,但是目不轉睛地注視著凱思琳。「真的是我?」

　　說來也奇怪,問題一旦攤在檯面上,凱思琳反而覺得自在。事業生涯中,處理過太多難纏的高層主管,這讓她在對方震驚之際,還能堅持立場不為所動。但是,米琪比一般高層主管更要機靈。

　　「妳憑什麼這麼認為?」米琪不退反進。

　　凱思琳平心靜氣地解釋:「米琪,妳似乎並不尊重妳的同事,不肯對他們開誠布公。會議中,妳對包

括我在內所有的人,造成極度的干擾和負面影響。」凱思琳知道,以上句句實言;可是也突然意識到,對一個不明白狀況、缺乏自知之明的人而言,這些指責未必有說服力。

「妳認為我不尊重同事?問題在於他們不尊重我。」此話一出,米琪隨即意識到,此話中指控罪名的嚴重性。她有氣沒力地試圖轉圜:「他們不欣賞我的專業能力和經驗。還有,如何行銷電腦軟體,他們也是一竅不通。」

凱思琳靜靜聽著,米琪所說的每一句話,都愈發肯定自己的決定沒錯。

察覺到凱思琳的心思,米琪出言攻擊,語氣鎮靜但十分怨毒。「凱思琳,妳認為董事會對我離開團隊會有何感想?不到一個月的時間,妳就接連折損掉銷售和行銷部門的主管。如果我是妳,我會擔心工作不保。」

「妳的關心我心領了,米琪。」凱思琳語帶諷刺地回答。「問題是,我的工作不是避免與董事會衝

突。我的工作,是建立一支能成功經營這家公司的高層團隊。」她的語氣突然轉為惋惜。「我只是感覺不出,妳想成為這個團隊的一分子。」

米琪倒抽一口氣。「妳當真認為,我離開團隊對這家公司有益?」

凱思琳點點頭。「是的,我是這樣想。並且,我真心相信,這也會對妳比較好。」

「何以見得?」

凱思琳決定盡可能地保持坦誠與寬容。「嗯,妳或許會找到一家更賞識妳的技能和作風的公司。」凱思琳原想忍住下文不說,但是心想,說了可能對米琪有益。「但如果妳不先反躬自省,我其實沒有這麼樂觀。」

「什麼意思?」

「我是說,妳總是滿腹牢騷,也許這跟決策科技有關……」

凱思琳還沒把話說完,米琪已經出言打斷:「問題確實出在決策科技,因為我以前從來沒有出過這種

問題。」

凱思琳確信,這並非實情;但是,她決定別在傷口上撒鹽。「如果真是如此,妳到其他公司肯定會比較愉快。」

米琪盯著眼前的桌面。凱思琳感覺對手即將屈服、甚至接受現狀。但是,這回她料錯了。

最後掙扎

米琪要求暫時告退,好理一理思緒。幾分鐘後現身,神情卻比先前還更亢奮而堅決。

「這樣說吧,首先,我不會辭職。妳必須解雇我。還有,我的丈夫是律師,所以你們也不太能輕易提出對我不利的證據。」

凱思琳並不退縮,但以誠懇和同情的語氣回答:「我沒有要解雇妳。妳也不一定非得離開不可。」

米琪似乎被弄糊塗了。

凱思琳把話挑明了說:「我的意思是,妳的行為必須徹底改變,而且愈快愈好。」凱思琳頓了一下,

好讓米琪思考這番話。「坦白說,我並沒有把握,妳有心想這麼做。」

米琪臉上的表情也說明,她心不甘情不願。她振振有辭地為自己辯解:「我認為,我的行為並非是問題的癥結。」

凱思琳回答:「它當然不是唯一的問題,但是,確實是個嚴重的問題。妳不參與部門以外的事務、不接受同僚的批評,也沒有在舉止失當時表示歉意。」

「我什麼時候舉止失當了?」米琪咄咄逼人地問。

凱思琳不確定米琪是忸怩作態、不願承認,還是真的不懂待人處事。無論如何,她決定心平氣和地把話說清楚:「我不知道該從何說起。好比說,妳老是喜歡翻白眼,也常常出言不遜。有一次,妳跟馬汀說,他是畜生。還有,即使銷售訓練是公司的第一要務,妳卻沒有興趣參加。我認為,這些行為都非常不恰當。」

米琪愣住了,沈默地坐著。面對如此直接的指

證，她似乎突然意識到處境的嚴峻。儘管如此，她還要做點垂死掙扎：「妳聽好，對這些指責我已經厭煩透頂，當然也不會為了配合這個有機能障礙的團體，而有所改變。但是，我可不會便宜妳，就這樣離職了事。這是原則問題。」

凱思琳鎮定自若。「什麼原則？」

米琪提不出具體的答案，只是搖頭，冷冷地看著凱思琳。

幾乎過了整整一分鐘。凱思琳忍著不打破沈默，希望米琪能好好想一想，發現自己的爭辯多麼空洞、無意義。最後，米琪說話了：「我要求三個月的離職金、發放所有歸我的股票選擇權，以及證明我是主動離職的正式文件。」

凱思琳如釋重負，也樂得滿足米琪所有要求。但是，她知道此刻還不適合答應。「我現在還不能確定；但是，我會盡可能同意這些要求。」

又是一段要命的沈默。「好吧，妳希望我現在就離開嗎？我是說，難道我不能吃完晚餐再走？」

凱思琳點點頭。「妳可以下週再回辦公室收拾個人物品,並且會同人資辦妥離職手續。希望我能幫妳爭取到妳要求的條件。」

「妳知道你們這些人正在自毀長城,對吧?」米琪還打算換一種方式修理凱思琳。「我的意思是,妳手下已經沒有銷售或行銷主管了。還有,如果我的部屬也因此離職,我也不會意外。」

但是,凱思琳處理這類狀況的經驗豐富,早就在米琪的幕僚身上花了不少工夫,知道他們和其他人一樣,清楚這位主管的許多缺點。儘管如此,她覺得自己還是恩威並施比較好。「這麼說吧,如果那樣的情形發生,我當然能夠理解,但是我希望情況不致如此。」

米琪再次搖搖頭,好像還要再來一場長篇激辯。然後,她拿起電腦背包離開了。

公布消息

凱思琳利用剩下的午休時間繞著葡萄園散步,走

了長長的一段路。當會議重新開始時，她又充滿活力，只是對接下來所發生的一切，並無心理準備。

在凱思琳提出討論主題前，尼克問，「米琪人呢？」

凱思琳不想在宣布時顯得太輕鬆愉快。「米琪不會來了。她離職了。」

會議桌前這群人的表情，出乎凱思琳預期。他們看來大為驚訝。

「怎麼回事？」珍想知道。

「嗯，我接下來說的，請各位務必保密，因為這涉及離職員工的法律問題。」每個人都點頭表示同意。

凱思琳直言不諱：「我看不出米琪有絲毫修正行為的意願。而她的行為又在傷害這個團隊的表現。所以，我要求她離開公司。」

沒有人講話。每個人只是你看我、我看你，再看看眼前還在桌上的小冊子。

最後，卡洛斯講話了：「天啊。我不知道該說

什麼。她怎麼會答應？還有，我們的行銷部門怎麼辦？」

這一串問題提出之後，尼克跟著質疑：「我們要怎麼對員工解釋？又該如何應付新聞媒體？」

儘管凱思琳對他們的反應大感意外，還是很快做了答覆：「米琪的反應如何，我不想多說。她有點驚訝，也有點氣憤，一般而言，這些反應很正常。」

大夥等著聽凱思琳對其他問題的想法。

她繼續說：「至於行銷部門，我們會物色新的副總裁。在此之前，公司內部人才濟濟，可以先行擢升，維持部門正常運作。我並不太擔心。」

每個人似乎理解、也同意凱思琳的解釋。

「此外，面對員工和媒體，我們只需說，米琪另謀高就。我們當然沒有太多餘裕，應付這個敏感消息引起的紛擾。不要讓大家聽到消息後的第一反應，弄得手足無措。如果我們能同心協力、並做出成績，員工和分析師就不會有什麼意見。我猜想，大多數的人，特別是員工，應該不至於太訝異。」

儘管凱思琳自信滿滿，這番推論似乎也很合理，房間裡的氣氛還是很低落。凱思琳知道，此刻必須逼大家把全副精神放在實際事務上。她始料未及的是，想要擺平米琪事件，不是這麼三言兩語就能解決。

前事之師

從當晚到隔天下午，團隊把討論焦點放在公司經營的細節，特別是銷售方面。凱思琳很清楚，雖然大夥確有進展，可是米琪的離職也使得整體氣氛低落。她決定深入虎穴。

午餐結束時，凱思琳對團隊發表談話：「我想花個幾分鐘，處理大家心頭的大石。我想知道大家對米琪離職的感受。因為，在下週我站到全體員工面前解釋前，必須先確定，在處理這件事情上，我們是立場一致的團隊。」過去的經驗提醒凱思琳，即使離職的人是最難相處的員工，同僚之間仍會出現某種程度的哀悼與懷疑的氣氛。

團隊成員互相觀望，想看看誰會第一個發言。尼

克拔得頭籌：「我想我只是在擔心，高層團隊又失去了一位成員。」

凱思琳點點頭，表示理解這份憂心，但是心裡其實更想說的是，問題是，她從來都不是這個團隊的成員。

珍補充：「我知道她是個很難相處的人，但是，她的工作品質很好。還有，此時行銷對我們至關重要。我們或許應該多容忍她一些。」

凱思琳點點頭，表示一直在聽。「還有誰？」

馬汀做出要舉手的動作，不太乾脆地說：「我只是在想，下一個會輪到誰。」

回答之前，凱思琳停頓了一下。「我想跟大家說個關於我的小故事。一個不太光采的故事。」

這吸引了每個人的注意力。

凱思琳皺著眉頭，欲言又止。「我在念研究所的最後一學期，爭取到舊金山一家知名批發公司的約聘顧問職務，負責帶領一個小規模的財務分析師部門。那是我第一個真正的管理職務，我也希望，畢業後能

成為那家公司的正式主管。」

雖然不擅長在公眾前演說，凱思琳說起故事還滿生動活潑。「我底下的那批人很不錯，工作勤奮。其中有個傢伙又特別突出，報告總是寫得比其他人更快更好。在此就稱他為佛瑞德好了。佛瑞德對我交辦的工作，來者不拒，因此成為我最信任的員工。」

「這種問題我倒也是來者不拒，」尼克打趣地評論。

凱思琳揚起眉。「別急，故事還沒完。部門裡沒有人受得了佛瑞德。老實說，他也讓我很頭痛。他不幫任何人的忙，也看準了大家都知道他工作表現超強；因為，即使討厭他的人，也承認這一點。總之，部屬頻頻向我抱怨佛瑞德的不是。我仔細聆聽，也曾輕描淡寫地要求佛瑞德改改作風。不過，部屬的抱怨我大都不理會，因為我看出他們其實很嫉妒佛瑞德的能力。更重要的是，我不想斥責部屬中的頂尖好手。」

幕僚似乎頗同情她的處境。

凱思琳繼續說下去：「後來，部門的生產力開始下降，我因此又交給佛瑞德更多工作，他有點抱怨，但總是設法完成。在我看來，他幾乎是獨力支撐整個部門。很快地，部門士氣持續滑落，速度更勝於前，績效當然更差了。分析師再次向我抱怨佛瑞德。情況變得明朗不過，他已成為整個團隊的問題，而且比我原先想像的還要嚴重。經過一夜長考，我做出個人事業生涯的第一個重大決定。」

傑夫猜測：「你解雇了佛瑞德。」

凱思琳難為情地笑了笑。「不，我擢升他。」

在座所有人莫不驚訝得張口結舌。

凱思琳點點頭。「沒錯。佛瑞德是我第一個擢升的主管。兩週後，我的七位分析師走了三位，整個部門陷入一片混亂，工作進度遠遠落後，老闆找我去，談談到底怎麼一回事。我解釋了佛瑞德的情況，以及分析師離開的原因。隔天，他做了一項重大決定。」

傑夫又開口：「他解雇了佛瑞德。」

凱思琳臉上浮起自我解嘲的苦笑。「差一點就猜

中了。他解雇了我。」

幕僚似乎十分驚訝。珍想讓她覺得好受一些。「沒這麼嚴重吧，企業通常不會解雇約聘顧問。」

凱思琳突然收起笑容，酸楚地說：「這麼說好了，我經手的任務驟然終止，他們也不再聘用我了。」

尼克和馬汀忍著不笑出聲。凱思琳說出了他們心裡的想法：「我當然是給解雇了。」

在場每個人都笑了。

「後來佛瑞德怎麼樣了？」傑夫很好奇。

「聽說他在幾週後也辭職了。他們另外找人帶領那個部門。而他離開不到一個月，整個部門雖然比先前少了三位分析師，績效卻大幅提升。」

「妳是說，佛瑞德的行為破壞掉整群人50%的生產力？」

「不。不是佛瑞德的行為。」

大家似乎感到不解。

「是我對他行為的姑息。各位，他們解雇了真正

該被解雇的人。」

無人發言。他們似乎正感受到上司的痛苦，也顯然從凱思琳的故事，聯想到前一天發生的事。

片刻過後，凱思琳有感而發地把她的教訓帶入主題。「我不想失去你們當中任何一個。這也正是我先前之所以這麼做的原因。」

這一刻，房間裡的每一個人似乎都心領神會了。

整隊出發

回到辦公室上班後，凱思琳召開了員工大會，討論米琪離職和其他經營議題。儘管處理時，凱思琳保持一貫圓融機智、和藹親切的態度，這個消息在員工中間引發的效應，仍然遠遠超過高階主管的預期。

雖然大家同意，這些反應主要跟這事件的象徵意義有關，而不是因為失去米琪。團隊的士氣多少還是受到影響。

凱思琳因此在接下來的幕僚會議中，要求團隊討論行銷領導人空缺的問題。針對是否擢升一位米琪的部

屬，團隊經歷超過一小時的激烈辯論，意見僵持不下，凱思琳因此介入進行裁決。

「好。這次討論很不錯，我也聽到每個人的意見了。還有什麼要補充的嗎？」

沒有人開口。凱思琳於是繼續說：「我相信，我們需要找一個能帶領行銷部門發展、並且協助我們建立品牌的人。儘管我也希望能從內部拔擢人才，可是目前部門中似乎沒人合乎要求。因此，我認為我們應該著手對外物色一位新的副總裁。」

在座者紛紛點頭表示贊同，包括那些原本竭力反對對外徵才的人。

「我可以向大家保證，我們會找到一位最適當的人選。這表示，在場每個人都要參與面試，而這個人選必須展現信賴、能面對衝突、致力於集體決策、要求同僚負起責任，並且把團隊成果放在自我成就之上。」

凱思琳確信，部屬已經開始接納她的看法，因此在交代傑夫籌備新任副總裁的徵選事宜後，就把議題

轉移到銷售方面。

尼克報告時指出，在爭取少數關鍵客戶上已有進展；可是國內市場中，有某些地區卻陷入苦戰。「我想我們需要更多彈藥。」

珍了解尼克是在要錢，不假思索地駁回這個想法。「我不想再增加支出，因為這意味著客戶目標必須隨之增高。我不希望陷入惡性循環。」

尼克大口吸氣、憤怒地搖頭，彷彿說，妳又來了。就在大家搞清楚怎麼一回事前，他們已經拍桌力爭，試圖說服對方和其他團隊成員。

你來我往交手一陣後，珍整個人頹然往椅子一坐，沮喪地斷言：「一切還是老樣子。或許，問題根本不在米琪身上。」

這話令所有在場的人心頭一震。

凱思琳立刻介入。她微笑著說：「且慢。且慢。我看不出這裡面有什麼不對勁。你們剛剛進行的，正是過去一個月來我們談論的那種衝突。你們做得再好不過。」

珍試著把自己的想法說清楚:「我想,我的感受正好相反。我還是覺得我們是在鬥爭。」

「沒錯,你們是在鬥。但是在針對問題而鬥。這正是你們的工作。否則,只是把問題留給部屬,讓他們去解決他們解決不了的問題。他們能指望的,也不過是上司們能把事情充分討論後搞定,如此一來,才能由我們這裡確知方向。」

珍似乎疲累不堪,「我只希望,這麼做不是徒勞無功。」

凱思琳又笑了。「相信我。它比妳所想的還有用。」

接下來的兩週,凱思琳開始更嚴格地要求高層團隊的行為舉止。她責備馬汀在會議中自鳴得意而破壞信任。她迫使卡洛斯當面指責團隊對顧客問題沒有積極回應。她也多次陪珍和尼克挑燈夜戰,終於解決了非完成不可的預算議題。

重要的是,凱思琳得到的回應,遠超過她的投入。當她要求團隊成員時,他們當下看似抗拒不從,

但是無人質疑凱思琳提出的要求。一種真正對集體目標的共識,隱然成形。

凱思琳心中唯一的疑慮是,是否能維繫這個共識,直到每個人都看出其中的好處何在。

04

向上提升

最後一次納帕谷外地研習的氣氛,已經與先前幾次截然不同;然而,凱思琳還是以大夥熟悉的老話,拉開活動序幕:「我們擁有一批比任何競爭對手更富經驗的高層主管。我們的現金比他們多。感謝馬汀和他的團隊,讓我們具備更優異的核心技術。我們還有更親密力挺的董事會。儘管如此,我們仍然在營收和客戶成長兩方面,落後兩個競爭對手。我想,大家對箇中原因心知肚明。」

尼克舉手發言:「凱思琳,我希望妳別再發表這

段演說了。」

如果在一個月前,這般坦率直接的話,會讓在場每個人震驚不已。現在似乎沒人感到驚訝。

「為什麼呢?」凱思琳問。

尼克皺著眉頭,試圖找出適當的話。「我想,這番話似乎比較適合幾週前,那時我們顯然比較⋯⋯」尼克語帶保留地停下來。

凱思琳語氣平和地解釋:「等到實際情況全然改變,我就會不再說這段話了。我們還落後兩個競爭對手,而且還沒有達到作為一個團隊應有的表現。」

驗收成果

凱思琳繼續說下去:「這不是說,我們還沒步上正軌。事實上,今天要做的第一件事情。就是暫緩腳步,檢視我們作為一個團隊,有何進展。」

凱思琳走向白板,再次畫了那個三角形,填入五項團隊障礙。

接著,她問大家:「我們表現如何?」

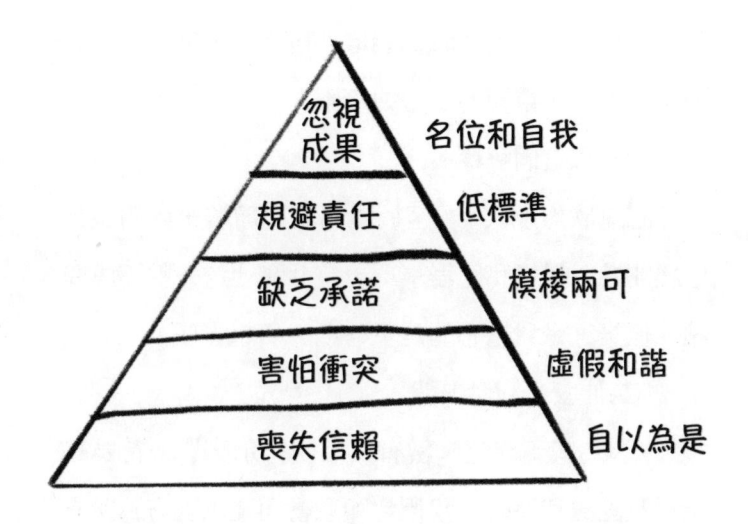

```
         /\
        /忽視\         名位和自我
       /成果  \
      /--------\
     / 規避責任 \       低標準
    /------------\
   /  缺乏承諾    \     模稜兩可
  /----------------\
 /   害怕衝突       \   虛假和諧
/--------------------\
/    喪失信賴          \ 自以為是
------------------------
```

團隊一邊想著凱思琳的問題，一邊重新檢視這個模型。

終於，傑夫率先發言：「我們當然比一個月前更信賴彼此。」房間裡的人紛紛點頭，傑夫接著說，「不過我認為，要說一切已經盡善盡美，仍然言之過早。」在場的人繼續點頭表示贊同。

珍補充：「雖然我還稱不上對衝突已經習以為常，可是我想我們更懂得處理衝突了。」

凱思琳替她打氣：「我不認為有人能夠完全習慣

衝突。如果面對衝突時仍能怡然自得，那就不是真的衝突。總之，重要的是努力不懈。」

珍同意這個解釋。

尼克欣然加入：「至於承諾的問題嘛，我們確實已經開始對目標和應辦事項更有共識。這一點不成問題。但是，令我擔心的是下一項，負起責任。」

「為什麼？」傑夫問。

「因為我不確定，當有人不履行承諾、或行為舉止損及團隊利益時，我們會願意當面要求對方為所當為。」

「我肯定會當面要求他們。」

令大家驚訝，說話的人竟是馬汀。他進一步解釋：「我不能忍受回復以前的做法。因此，如果要在小小的人際衝突和玩弄政治手腕之間做選擇，我寧可選擇衝突。」

尼克對這位行徑古怪的同事微微一笑，隨即談到模型中最後一項障礙。「嗯，我想我們在成果方面不會有問題。如果我們無法讓這家公司順利運作，大概

也不會有人對達成成果抱持希望。」

凱思琳看到房間裡的人紛紛點頭表示贊同，心中驀然升起一股喜悅。但是她不動聲色，準備殺殺這個團隊的銳氣。

「各位，我同意你們關於團隊的大部分說法。你們確實已步上正軌。但是我也保證，接下來的一、兩個月裡，你們還能維持這樣的信心才是怪事。通常，行為改變，至少要經過幾週的考驗，才能反映在盈虧結算上、並看到明顯效果。」

由於大夥似乎不加質疑地贊同她的看法，凱思琳決定把話說得更重一些。「我提這一點，是因為我們尚未步出險境。我看過很多經營團隊，一開始的進展情況比我們快，後來卻不進反退。關鍵就在團隊是否具有紀律和毅力，堅持為所做的一切努力。」

凱思琳對掃大夥的興不無抱歉，只能自我安慰，這是為他們做好心理準備，好面對革除團隊障礙途中無可避免的惡劣天候。

在接下來的兩天，這支團隊也確實遇上多變的天

氣。他們有時本著合作的態度,同心協力解決問題;有時又吵吵嚷嚷,為經營議題爭辯不休。解決方案就在這種情況下,逐一產生。有趣的是,他們極少把團隊合作的話放在嘴邊,凱思琳把它看成團隊力求進步的跡象。觀察大夥在休息和用餐時的情形之後,她的信心又更加堅定。

首先,團隊成員看來都在一起活動,不像先前的外地研習,動輒獨自離開。其次,比起以往,他們在一起時更吵嚷喧鬧;各種聲音當中,最常聽到的是笑聲。會議結束前,雖然大家已經筋疲力竭,似乎還急於相互敲定時間,安排好回到公司後的後續追蹤會議。

試膽大會

這次外地研習結束後三個月,凱思琳在公司附近一家旅館舉行她首次的季度幕僚會議,議程為期兩天。一週前加入決策科技的新任行銷副總裁約瑟・查理斯(Joseph Charles),也將首次和團隊一起開會。

會議一開始,凱思琳宣布了一件令人意外的事情:「還記得綠香蕉嗎?我們上一季曾經考慮併購的那家公司?」

在座的人紛紛點頭。

「嗯,顯然尼克當初預言他們可能成為競爭對手一事成真。他們想買下我們公司。」

在座的人都很震驚。傑夫是唯一的例外,因為他身兼董事會成員,已經曉得對方開的價碼。最感驚訝的是尼克。「我還以為他們正面臨財務危機呢。」

「他們之前是,」凱思琳解釋,「我猜,這是因為他們上個月大賺了一筆,一時興起,想買點東西。他們已經主動向我們提出購買條件。」

「什麼樣的條件?」珍想知道。

凱思琳看一眼手中的筆記。「比我們目前的市值高一些。我們都會有賺頭。」

珍再追問:「董事會怎麼說?」

傑夫代替凱思琳回答:「他們想要讓我們決定。」

沒有人說話,看來正在清算自己能拿到多少錢,

並權衡這筆交易的得失。

終於,一個接近憤怒的英國腔打破了沈默。「門都沒有。」

大家頓時全都轉頭看他們的工程部門領導人。馬汀以大家從未聽過的激動語氣說:「我絕不會放棄這一切,更別說把公司拱手交給一家以不成熟的水果命名的公司。」

全場一陣爆笑。

珍將大家拉回現實。「我不認為我們應該這麼快就放棄這筆交易。沒有人能保證我們能賺這麼多錢。這可是白花花的現金。」

傑夫針對財務長的看法做補充:「董事會確實認為,對方開出來的條件相當優渥。」

馬汀看來並沒有被傑夫的話說服。「如果是這樣的話,他們為什麼還要由我們來決定?」

傑夫停頓片刻後才解釋:「因為他們想看看我們有多少鬥志。」

馬汀皺起眉頭,「有多少什麼?」

傑夫向他的英國同僚說明:「董事會想知道,我們是否真想待在這裡,是否真的願意為公司鞠躬盡瘁。這是針對在座的每個人。」

約瑟總結整個情況:「看來,這像是一次試膽。」

卡洛斯首次發言:「關於合併案,我投反對票。」

接著是傑夫。「我也一樣。堅決反對。」

尼克點點頭。凱思琳和約瑟也做出同樣的動作。

馬汀盯著珍:「你同意嗎?」

她猶豫了一下。「跟綠香蕉?你在開玩笑吧。」

他們放聲大笑。

凱思琳迅即調整會議的焦點,希望把握這股豪情,適時導向真正重要的事情。「好的,今天還有很多重大議題需要討論。我們開始吧。」

接下來幾個小時,大家協助約瑟了解團隊的五大障礙。尼克講解信任的重要。珍和傑夫共同負責衝突和承諾的精義。卡洛斯則說明,在團隊中如何要求彼此負起責任。最後由馬汀解釋,以工作成果為共同目標的含意。接著,他們檢討約瑟的 MBTI 性格測驗結

果,並向他說明每位新同僚的角色和責任,以及大夥的集體目標。

最重要的是,當天接下來的時間裡,他們展開了一些約瑟所聽過最激烈的辯論,而那些辯論最後也都明顯獲得一致認同的結論,並且事後似乎全無芥蒂。這樣數度逼迫對手到牆角的交鋒方式,讓約瑟很不習慣;但是,他也注意到,每次論戰,大家都緊扣著成果做討論。

會議到了尾聲時,約瑟很確定,自己加入了一個前所未見、獨特而且士氣高昂的高層團隊,同時迫不及待地要成為這個團隊裡積極參與的一分子。

組織變革

往後一年,決策科技的銷售額大幅提升,其中三季還達到營收目標;實際上,已躍居產業中數一數二之位。與主要對手一較高下的時刻,不再遙不可及。

決策科技的績效表現顯著提升,員工流動率也漸趨穩定,士氣則愈來愈高;只曾在一度未達預定營業

額時,稍有低落,但很快又回到正常。

有趣的是,那段低潮期間,董事長還打電話鼓勵凱思琳不要失望。畢竟,她所獲得的進展,已經有目共睹。

當公司員工超過 250 人時,凱思琳決定,該是縮減一級主管人數的時候了。她相信,公司規模愈大,高層團隊的人數應該愈少。而且,隨著新聘的銷售、人力資源主管到任,她的幕僚已經增加到八人,管理起來很辛苦。要應付每週例行的一對多會議,凱思琳的能力遊刃有餘。可是,九個人圍坐會議桌,有時卻難以暢所欲言、充分討論。她研判,即使團隊成員已具備新的合作態度,這類問題的浮現,只是時間早晚而已。

因此,在最後一次外地研習結束後一年多,凱思琳決定展開幾項組織變革。她信心滿滿而有技巧地對每位幕僚成員解釋。尼克將再次擔當營運長的角色,他也自認是個實至名歸的安排。卡洛斯和新的銷售部門負責人不再是執行長幕僚,而直接對尼克負責。人

力資源則歸由珍負責。

如此一來,凱思琳底下只剩五位直接部屬:總工程師馬汀、財務長珍、營運長尼克、行銷副總裁約瑟,以及事業發展副總裁傑夫。

一週後,為期兩天的季度幕僚會議再次召開。主持會議的凱思琳還沒宣布會議開始,珍已急著問:「傑夫到哪兒去了?」

凱思琳就事論事地回答:「這正是我一開始要談的。傑夫不會參加這些會議了。」

房間裡一片驚愕。不僅因為凱思琳剛說的話,也因為她的語氣絲毫不帶情緒。

終於,珍問了大家都在想的問題:「傑夫辭職了嗎?」

凱思琳似乎對珍的問題有些意外。「沒有啊。」

馬汀接著追問:「妳該不會請他走路了吧?」

凱思琳頓時領悟到大家心裡正在想的事。「這是什麼話?當然沒有。我為什麼要解雇傑夫?只是,他沒來的原因是,從現在起,他直接隸屬於尼克。基於

他的新角色,我們兩人都同意這樣的安排更合理。」

大夥鬆了一口氣,心中最大的疑慮也已解除,但是還有件事情困擾著他們。

珍按捺不住:「凱思琳,我理解這個安排十分合理。而且,坦白說,我相信尼克很高興傑夫加入他的團隊。」

尼克點頭同意,可是珍逕自說下去:「我的問題是,你難道不認為,這樣一來,傑夫是降了一級嗎?我的意思是,我們固然不應該把個人名位和自我放在團隊利益之上;但是,傑夫好歹是董事會成員,也是公司創辦人之一。妳真的考慮過,這對他代表的意義嗎?」

凱思琳微笑,內心充滿苦功沒有白費的驕傲,很高興部屬打破砂鍋問到底的態度。「夥伴們,這是傑夫的主意。」

這句話大出在座者的意料之外,每個人的臉上都流露出困惑不解。凱思琳繼續說:「傑夫說,他很想留在團隊裡,但是,尼克那邊更需要他。我請他三思

後再決定,可是他堅持,為公司、也為團隊著想,那麼做才是正途。」

　　凱思琳停頓片刻,讓每位團隊成員靜靜地感佩他們的前任執行長。

　　然後,她繼續說:「我想,我們欠傑夫和公司其他人一份情。他們真的是打從心底期望這家公司蒸蒸日上。就讓我們開始向前邁進吧。」

第二篇

邁向團隊合作

雖說打造出一支團結合作的團隊並非易事，但做法其實並不複雜。

事實上，將一切簡化反而十分重要，不論你帶領的是多國企業的高層幕僚、大型組織中的小部門，甚至只是亟需改進的特定團隊成員，莫不如此。

本篇就是根據簡單清楚的原則，整理出一份清晰、簡要且務實可行的指引，協助你運用五大團隊障礙模型，增進團隊的表現。

05

團隊合作的障礙

在企業執行長與團隊共事的經驗中,有兩個事實愈來愈重要。

首先,大多數組織中,真正的團隊合作仍然是鳳毛麟角。其次,組織之所以難以達成團隊合作,原因在於,成員不知不覺淪為五個悄悄形成的危險陷阱的犧牲品,也就是我所稱的五大團隊障礙。

這些機能障礙可能被誤解為五個不同的議題,需要分別處理。實際上,這五個障礙是一個相互關聯的模型,它們互相影響的特性,甚至使得其中任何一項

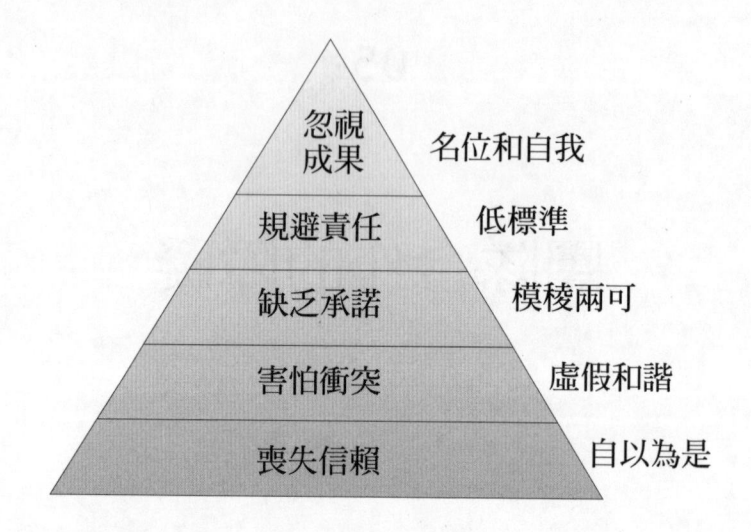

```
        忽視
        成果         名位和自我
      ─────────
      規避責任       低標準
     ─────────────
     缺乏承諾        模稜兩可
    ───────────────
    害怕衝突         虛假和諧
   ─────────────────
   喪失信賴          自以為是
```

都可能毀掉團隊的成功。

　　為了幫助你更清楚了解其中的道理，這裡先概要說明每個障礙，以及整體所構成的模型。

1. **第一個障礙，是團隊成員之間喪失信賴。**

　　基本上，這源自於成員不願在團隊面前暴露個人的弱點。如果團隊成員無法真誠溝通彼此的錯誤和弱點，就根本不可能建立信任關係。

2. 無法建立信任,就會衍生出第二個障礙:害怕衝突。

喪失信賴的團隊,無法針對理念,進行毫不保留且激烈的辯論,只會拐彎抹角、避重就輕。

3. 一旦缺乏建設性衝突,團隊勢必因此出現第三個障礙:缺乏承諾。

團隊成員無法以激烈且公開的辯論方式表達意見,因此也很難對決策形成真正的共識、進而全力執行。相反地,成員有可能只是在會議中陽奉陰違。

4. 缺乏真正的承諾和共識,會導致團隊成員間形成第四個障礙:規避責任。

如果團隊成員對明確的行動計劃缺乏承諾,當發現同僚出現有損團隊利益、必須糾正的行為舉止時,往往躊躇不前;即使是目標焦點最清楚、急迫感最強烈的人也不例外。

5. 當團隊成員無法互相要求,將製造有利於第五

個障礙「忽視成果」發展的環境。

當團隊成員把個人的需要（如自我、前途發展或受讚揚），甚至所屬部門的需要，置於團隊的整體目標之上時，忽視成果的團隊障礙於焉產生。

因此，即使只是放任其中一個障礙滋長，效果就像只有某個環節斷裂的鏈條，仍會使得團隊合作功虧一簣。

另一種了解這個模型的方式，是由上述模型反推，也就是從正面思考，想像在真正同心協力的團隊中，成員的行為表現：

1. **團隊成員互相信任。**
2. **團隊成員毫不保留地投入有關理念的衝突。**
3. **團隊成員承諾達成決策和行動計劃。**
4. **團隊成員互相要求，為消除計劃中的障礙負起責任。**

5. 團隊成員將重點放在達成集體成果。

　　如果你覺得這些看似容易，沒錯，理論上，它確實很簡單。不過，實行起來，會非常困難，因為需要很強的紀律和毅力，而這也正是團隊中少見的特質。在深入了解每個障礙並探討克服的方法前，最好是先評估自己的團隊，並且找出提升能力表現的契機。

06

診斷團隊的問題

　　下列問卷是一個簡易的診斷工具，可以協助你評估團隊出現五大機能障礙的可能性。在問卷最後，頁 220 提供了一個簡單明瞭的說明，教你如何統計結果並解讀可能的結論。盡可能讓全體團隊成員完成診斷，檢討評估結果，並且討論診斷報告中出現的矛盾和代表的意義。

說明：請利用下列計分方式，標示出你的團隊符合每項敘述的程度。評估時請務必誠實，並且根據直接反應作答。

3 ＝經常　　2 ＝有時　　1 ＝很少

_____ 1. 團隊成員毫不保留且熱烈地討論議題。

_____ 2. 團隊成員指陳彼此的效率不彰或非建設性行為。

_____ 3. 團隊成員清楚其他同事正在進行的工作內容，以及他們對團隊整體利益的貢獻。

_____ 4. 當團隊成員言行不當或可能對團隊造成傷害時，會很快且真心地道歉。

_____ 5. 團隊成員願意為了團隊利益，犧牲自身部門的好處（例如預算、權責範圍、人員數目）。

_____ 6. 團隊成員公開承認自己的弱點和錯誤。

_____ 7. 團隊會議引人興趣，並不枯燥。

_____ 8. 會議結束後,團隊成員相信,同事即使一開始有歧見,仍會全力達成決議。

_____ 9. 無法達成團隊目標,明顯影響士氣。

_____ 10. 團隊會議中,最重要也最棘手的問題會照樣被提出來討論,尋求解決之道。

_____ 11. 團隊成員非常在意有可能使同事失望。

_____ 12. 團隊成員了解彼此的個人生活,談論這類話題時也很自在。

_____ 13. 會議結束時,對於討論的內容有明確具體的解決方案,並會付諸執行。

_____ 14. 團隊成員挑戰彼此的計劃和做法。

_____ 15. 團隊成員不急於為自身的貢獻爭功,但能很快指出別人的功勞。

計分：將上面各項敘述的分數整理如下

障礙 1 喪失信賴	敘述 4：_____ 敘述 6：_____ 敘述 12：_____	**合計：**_____
障礙 2 害怕衝突	敘述 1：_____ 敘述 7：_____ 敘述 10：_____	**合計：**_____
障礙 3 缺乏承諾	敘述 3：_____ 敘述 8：_____ 敘述 13：_____	**合計：**_____
障礙 4 規避責任	敘述 2：_____ 敘述 11：_____ 敘述 14：_____	**合計：**_____
障礙 5 忽視成果	敘述 5：_____ 敘述 9：_____ 敘述 15：_____	**合計：**_____

8 分或 9 分表示，你的團隊可能沒有該項障礙問題。
6 分或 7 分表示，你的團隊可能有該項障礙問題。
3 分至 5 分表示，該項團隊障礙可能亟需處理。

不管分數是高是低，請切記，任何團隊都需要努力不懈。否則，再優秀的團隊，都可能衍生出障礙。

07

克服合作的 5 大障礙

障礙 1：喪失信賴

　　信賴是任何團隊同心協力、有效運作的核心。少了信賴，團隊合作無異緣木求魚。

　　遺憾的是，信賴這個詞被使用、也誤用得太頻繁，因而喪失了部分的影響力，甚至，已開始讓人覺得有點陳腔濫調。這也是為什麼在談信賴時，明確解釋它的含意十分重要。

　　在建立團隊的情境中，信賴，就是團隊成員對彼

此有信心、相信同僚是善意的,而不需要保持防衛或戒慎恐懼。基本而言,成員之間要能坦然暴露本身的弱點。

這樣的描述,顯然不同於一般對信賴的定義。一般而言,信賴強調的是,憑藉過去的經驗,預測一個人的行為。比方說,你可能「信賴」某位成員會有高品質的工作表現,原因是他的表現向來如此。

這定義或許不錯,但是還不足以表現出偉大團隊特有的信賴。真正的信賴,需要團隊成員不但坦承彼此的弱點,也相信自己的弱點不會成為別人的把柄。這裡所指的弱點,包括缺點、能力不足、人際關係差、犯錯及求助。

儘管聽來有點頭腦簡單,事實上,唯有團隊成員能真正彼此坦承自己的弱點,才不會有自我保護之虞。人人因此能夠果斷地採取行動,為所當為。如此一來,團隊集中全副精力和注意力在手邊的工作,而非只是爾虞我詐,或是搞政治鬥爭。

要透過坦承弱點、建立對彼此的信賴,並不容

喪失信賴的團隊成員

- 彼此隱瞞弱點和錯誤
- 不願請求協助或提供建設性回饋
- 不願提供自身權責範圍以外的協助
- 對別人的用意和能力遽下結論,而不試圖釐清確認
- 無法讚賞和借重彼此的能力和經驗
- 浪費時間和精力在斟酌個人言行,力求圓融,以博得好感
- 心懷不滿
- 不喜歡開會,找理由迴避與團隊共處的時間

互相信任的團隊成員

- 坦承弱點和錯誤
- 尋求協助
- 接受有關自身權責範圍的質疑和意見
- 根據事實證據做出負面結論前,先假設對方出於善意、並肯定對方表現
- 勇於提供回饋和協助
- 讚賞和借重彼此的能力與經驗
- 投注全部時間和精力在重要事務上,而非只在搞政治
- 毫不遲疑地表示或接受歉意
- 期盼開會,以及其他團隊合作的機會

易。因為,在事業發展和受教育的過程中,大多數的成功者學會了如何與同僚競爭、以及保護個人聲譽。要他們基於團隊利益,放棄這些本能,其實是一大挑戰。但是,確實有其必要。

做不到這一點,團隊將付出極大的代價。喪失信賴的團隊,浪費太多時間、精力在個人的言行,以及與團體的互動。他們通常不喜歡團隊會議,也不願冒險求助或提供協助。結果,在互不信任的團隊中,士氣往往十分低落,職務變動頻繁。

克服這個障礙的建議

團隊如何建立信賴?比較麻煩的是,這種以坦承弱點而建立的信賴,無法在一夕之間達成。它需要長期的共事經驗、歷經多次展現堅持和誠信的考驗,以及對團隊成員獨特特質的深入了解。無論如何,團隊可以藉由焦點明確的步驟,大幅加快整個過程,以較短時間建立信賴。以下提供幾項具有這種效果的工具。

▎個人歷史演練

團隊可以利用不到一小時的時間,進行建立信賴的基本步驟。

這個低風險的演練很簡單,團隊成員只需要在會議中,依序回答幾個有關個人的問題。

基本上,問題不要過於敏感,最好是像家中排行、家鄉、童年的獨特經驗、嗜好、第一份工作、最不滿意的工作等這類的問題。光是描述這些比較無傷大雅的特點或經驗,就能讓團隊成員開始在比較隱私的基礎上,形成彼此間的關聯;把對方看成活生生、同樣具有人生歷練和有趣背景的人。這會激發強烈的同情與諒解,也能遏制不公平且不當的行為傾向。

信不信由你,由於有些團隊成員彼此了解如此淺薄,只需少許資訊,就能開始破除彼此的隔閡。

（所需時間:至少30分鐘）

▎團隊效力演練

這項演練比前一項的要求更多、更重要,風險也

比較大。

　　團隊成員必須確認每位同僚對團隊最重要的貢獻，以及基於團隊利益，而必須改進或戒除的問題。做法是，一次由一個人做自我剖析，說明自認在團隊中的角色與貢獻；通常由團隊領導人開始，然後由其他成員回應各自的看法。

　　雖然這項演練一開始顯得很彆扭而且有些冒險，難以置信的是，一旦開始後，就不會太難了。而且，大約一個小時之後，就會出現大量既有建設、又正面的資訊。

　　此外，團隊效力演練雖然需要一定程度的信賴才能進行，可是出人意表的是，即使機能障礙問題嚴重的團隊，通常也能順利完成，過程中的緊張氣氛，也比想像中少得多。

　　（所需時間：至少60分鐘）

▎性格與行為取向分析

　　建立團隊信賴最有效且持久的工具，是團隊成員

的行為取向和性向分析。這類工具藉由增進眾人的相互了解和體恤，幫助消弭彼此的隔閡。

　　我個人認為，最佳的分析工具是 MBTI 16 型人格測驗。不過，還有很多工具也各有不同的愛好者。這類工具的目的，不外是根據團隊成員各自不同的思考和言行方式，提出針對個別團隊成員、實用且科學的行為描述。

　　這些工具的最大優點，是對不同性格類型，保持中立的立場（成員性格類型顯著有別，但無優劣之分），具有研究基礎（而不是利用占星學或玄學），同時受測者在確認自身類型上，扮演積極的角色（並非只憑一份電腦資料或測驗分數，決定個人的性格類型）。

　　很多工具會要求持有證照的顧問全程參與，這能有效避免誤用它的含意和應用方式。

　　（所需時間：至少 4 小時）

▍三百六十度回饋

過去二十年,這樣的工具十分流行,並且為團隊創造出極大效果。但是,這類的演練要求同僚彼此間具體評斷、提出建設性批評,因此比先前介紹的工具或演練風險更高。

在我看來,三百六十度回饋演練之所以奏效,關鍵在於它與薪資報酬和正式的績效評估完全無關。相反地,它應該被當成是一種養成工具,讓員工在不需要擔心任何後果的情況下,確認彼此的優點與弱點。

但在此要再度提醒,只要和正式的績效評估或薪資報酬扯上關係,三百六十度回饋演練就會帶有政治色彩的危險。

▍團隊體驗活動

近十年來,拔河比賽和其他激勵合作的團隊活動似乎不大流行,而這不令人意外。但是,很多團隊仍然樂此不疲,期盼藉此培養成員間的信賴感。

雖然,透過嚴峻又有創意的戶外活動,確實能夠

激發團隊合作的精神，使成員因此受益；問題是，得到的好處或心得，不必然會直接轉換到工作環境中。因此，一般認為，團隊體驗演練如果安排在主要、關鍵的流程中，自然會成為增進團隊合作的重要工具。

＊

雖然，上述的工具和演練，都能在短期內大幅增進團隊建立信賴的能力；在日常工作中，還是必須固定進行後續追蹤。個別的成長領域必須一再檢討，以免在過程中喪失求進步的動力。即使是實力堅強的團隊，也需要特別注意，因為，動力一旦減弱，將會導致信賴程度降低。

領導人的角色

想要激勵團隊建立信賴，領導人必須採取的首要行動，是率先表露自己的弱點。這需要領導人勇於在團隊面前不顧顏面，如此一來，部屬才會甘冒同樣的

風險。

此外,團隊領導人還必須創造一個不處罰弱點的環境。即使是出於善意,團隊成員抨擊彼此坦承的弱點,仍可能在不知不覺中阻礙信賴的建立。

最後,團隊領導人所表露的脆弱,必須是真情流露,不能刻意偽裝。破壞團隊信賴的方式很多,最有效的方式,就是以假裝的弱點,操縱其他人的情緒。

與障礙 2 的關係

「喪失信賴」與下一個障礙「害怕衝突」,有何關係?信賴建立了之後,團隊才可能有衝突;因為,團隊成員可以確信,不會因為說了一些可能被解讀為破壞或批評的言論而受罰,而能毫不猶豫地投入情緒激昂的辯論中。

障礙 2：害怕衝突

堅定持久的關係，要靠建設性的衝突才能發展下去。這在婚姻、親子、友誼，當然還有商場，都是不爭的事實。

不幸的是，很多情況下，特別是在工作中，衝突被視為禁忌。並且，職務層級愈高，愈會花時間和精力，避免爆發激烈辯論。辯論其實是任何優秀團隊不可或缺的一部分。

重要的是，要區分建設性的意識形態衝突、破壞性的爭鬥，或人際政治。意識形態衝突的戰場，在於觀念和理念，並且會避免針對個人做惡意的攻擊。當然，其中包括了激情、情緒及挫折等人際衝突中的諸多特質，甚至很容易讓旁觀者誤以為是非建設性的失和。

但是參與建設性衝突的團隊很清楚，發生衝突的唯一目的，是在最短時間內達成最佳的可能解決方案。他們討論和解決問題比別人更快，也更徹底。激

辯之後，心中不會留下任何不快或傷害，而是懷著熱切的心情，急於展開下一個重要議題的討論。

諷刺的是，團隊迴避衝突，往往是為了避免傷和氣，後來反而助長了更危險的緊張關係。如果團隊成員不能對重要的想法公開辯論、提出異議，通常會轉而改採私下的人身攻擊；而這比針對議題做激烈爭辯，更齷齪惡劣，傷害也更大。

同樣諷刺的是，很多人避免衝突，是為了提高效率；然而，建設性的衝突，其實是節省時間的利器。認為團隊爭辯會浪費時間和精力的觀念，實乃大錯特錯；避免衝突的團隊，注定一再陷入相同的問題。

在這樣的情形中，通常要求團隊成員把問題「擇期另議」。這種迴避處理重要議題的委婉說法，結果只是讓問題在下次會議中重新登場。

克服這個障礙的建議

團隊要培養出參與建設性衝突的能力和意願，首先必須承認，衝突具有建設性，可是團隊卻有避免衝

害怕衝突的團隊

- 會議枯燥乏味
- 創造出私下搞政治、人身攻擊當道的環境
- 漠視攸關團隊成功的爭議性主題
- 無法借重團隊成員的全部意見和看法
- 浪費時間和精力,只在裝腔作勢和處理人際危機

參與衝突的團隊

- 會議生動有趣
- 挖掘出團隊中所有成員的想法
- 迅速解決真正的問題
- 搞政治的比例降至最低
- 提出至關重要的主題,公開討論

突的傾向。只要團隊中有人相信衝突是不必要的，衝突出現的機會就微乎其微。但是除了承認，團隊還可以利用幾個簡單的做法，讓衝突更常出現、也更有建設性。

▌清地雷

如果要克服團隊迴避衝突的傾向，成員有時必須擔任「清掃地雷」的角色；負責挖出團隊中埋藏的歧見，並將這些攤在陽光下，讓大家清楚明白；同時有勇氣和信心提出敏感議題，並迫使團隊成員尋求解決之道。

這個人必須在會議中保持高度客觀的立場，並且堅持衝突最終將得以解決。有些團隊可能會在特定會議或討論中，指派某個團隊成員，擔負這個責任。

▌即時認可

在發掘衝突的過程中，團隊成員需要訓練彼此，不規避建設性的辯論。一個簡單而有效的做法，是當

衝突程度升高、參與者開始感到不自在時，有人可以適度介入，提醒大夥，這樣做是必要的。

或許這聽來太過簡單又有點父權，但是這的確能協助身陷其中的成員，面對棘手、但具建設性的衝突時，有效釋放互動中的緊張壓力，進而有信心繼續向前。

至於，等到討論或會議結束時，較為適當的做法，是再次提醒參與者，剛才的衝突是為了團隊好，往後再有這類衝突，也無須迴避。

其他工具

有許多人格類型和行為取向的工具，都能增進團隊成員彼此了解。這些工具大部分都會說明不同性格傾向的人處理衝突的方式，有助於事先了解，各種性格的人面對或抗拒衝突的態度。

另一種與衝突具體相關的工具，是湯瑪斯─基爾曼衝突模式測驗（Thomas-Kilmann Conflict Mode Instrument），一般稱為 TKI。團隊成員可以透過

它，了解衝突的種種自然反應；因而能在不同情境中，做出比較明智的策略性判斷，並選擇適當的做法。

領導人的角色

領導人鼓勵建設性衝突所面臨的最大挑戰之一，是保護成員不受傷害的渴望。這會導致領導人過早介入爭議，也使得團隊成員無法培養自行處理衝突的因應能力。

問題是，這種情形和父母呵護子女、避免手足之間發生口角或爭辯，大不相同。很多時候，這麼做只會剝奪參與者培養衝突處理技巧的機會，使得關係愈加緊繃，並且對衝突解決的結果，抱有不切實際的期望。

因此，重要的是，領導人必須在部屬爆發衝突時，展現自制力，讓事情自然發展。當然，過程中免不了紊亂，這是領導人必須面對的挑戰。因為，很多領導人自認，當團隊發生衝突卻控制不了局面，多少

算是失職。

最後,或許是老生常談但又非常重要的,是領導人必須能夠以身作則、展現適當的衝突行為。因為當衝突無可避免、又具有建設性時,很多高階主管常會刻意迴避;這麼做,其實是變相鼓勵這個障礙。

與障礙 3 的關聯

「害怕衝突」與第三個障礙「缺乏承諾」,有何關聯?透過參與建設性衝突、借重團隊成員的觀點和意見,團隊才會因為集思廣益而受益,進而有信心做出決定。

障礙 3:缺乏承諾

每個人要在團隊中做出承諾,必須具備兩大前提:理解清楚和達成決議。偉大的團隊會及時做出清楚明確的決定,每位團隊成員也能完全認同、全力以

赴,即使是原先表示反對的人也不例外。眾人在會後相信,團隊中沒有人會私下質疑會中的決議。

缺乏承諾的兩大原因,是渴望全體同意、以及需要確定感。

▎全體同意

偉大的團隊了解尋求全體同意很危險,因此會設法以「達成決議」取代「全體同意」。他們了解,講理的人支持一項決定,並不需要一切都照自己的方式進行;只要意見能夠表達、同時受到重視即可。

因此,偉大的團隊會確保每個人的想法受到重視,使大家願意支持團隊做出的決定。並且,當成員之間意見僵持不下、無法做出決定時,團隊領導人也有權做出最後裁決。

▎確定感

偉大團隊引以為傲的另一項特性,是大夥即使沒把握決定的正確與否,仍然會全心支持最後的決定,

並且致力達成清楚明確的行動目標。

原因是,他們領悟到軍中的古老格言:有決定總比沒決定好(a decision is better than no decision)。他們也了解,寧可大膽做出決定,錯了再改,也比不置可否,無所適從要好。

有機能障礙的團隊,做法正好相反。眾人試圖兩面下注,以免有任何損失。對於任何重大決定,一概等到資料齊備、足以做出正確決定時才行。這種小心謹慎的做法,其實很危險,因為會造成團隊內部癱瘓和缺乏信心。

切記,願意在資訊不完整情況下,做出承諾、全力以赴,必須以衝突為根基。在很多案例中,團隊其實擁有所需的全部資訊,只是這些資訊停留在團隊成員的腦袋中,必須透過毫不保留的辯論,才能挖掘出來。

唯有每個人公開表達意見和觀點,團隊才有信心做出決定,因為這樣才算已經取得整個團隊的集體智慧。

＊

　　同時，高階主管必須了解，不管是要求全體同意或確定感，都將導致團隊無法做決定。不做出清楚明確決定的嚴重後果，是組織內部無法化解的衝突更加惡化。在所有障礙中，這個障礙最可能在部屬之間，造成險惡的漣漪效應。當高階主管團隊無法達成共識，即使歧異再小，他們的直屬員工間仍不免會有衝突。因為，不同部門的員工對行軍令的解讀，顯然不會一致。這就好像一個漩渦，組織高層主管間的小小差距，傳遞到底下員工，就變成了重大差異。

克服這個障礙的建議

　　團隊如何確保大夥都能信守承諾？做法是，採取的步驟要具體、決定盡可能清晰明確、達成共識，並且抗拒尋求全體同意或確定無誤的誘惑。以下是幾個簡單、但有效的工具和守則。

無法承諾的團隊

- 造成團隊中方向和優先順序的模糊不清
- 因為過度分析和不必要的拖延，錯失機會
- 促使信心低落和害怕失敗
- 反覆討論、議而不決
- 鼓勵團隊成員相互猜忌

做出承諾的團隊

- 方向和優先順序清楚明確
- 整個團隊同心合力，支持共同目標
- 培養出從錯誤中學習的能力
- 搶先競爭對手，掌握機會
- 毫不猶豫向前邁進
- 改變方向時，不會猶豫或愧疚

▌由上而下口徑一致

團隊運作中最有價值的一條守則,其實只需要花幾分鐘,並且分文不花。在幕僚會議或外地研習結束時,團隊應該明確回顧一遍會議中完成的所有重要決定,同意哪些訊息需要向員工或外界傳達。

團隊成員常在這項演練中發覺,原本大家以為並無異議的事情,其實在每個人的認知中並非如此,因此,需要在付諸行動前,釐清確切的結果。團隊成員也應該清楚,哪些決定必須保密,哪些則需要儘快做詳細完整的溝通。

最後,藉由在會議結束時明顯達成的共識,領導人傳達給員工強而有力、且已被一致肯定的訊息。讓員工不再像從前,總是從與會主管當中聽到相互牴觸、甚至南轅北轍的說法。

(所需時間:至少 10 分鐘)

▌明訂期限

看似簡單、卻能確保承諾的最佳工具之一,是運

用清楚明確的期限,規定最遲何時做出決定,並訂定罰則、嚴格要求如期完成。

團隊容易出現這個障礙的最大原因,是模稜兩可;因此,清楚訂定時間安排,就變得非常重要。更重要的是,如期達成中程決策和里程碑的重要性,絕不下於嚴守最後期限。因為,那可以確保團隊在付出重大代價前,儘早察覺成員間步調不一,並且有效解決。

▌偶發事件和最壞情況的情境分析

團隊想要成員信守承諾,可以事前大略討論偶發事件的因應計劃,或分析所做決定可能遭遇的最壞情況,並著手克服這些可能發生的狀況。

這麼做,通常能降低團隊決策時的恐懼。因為大夥可以了解,即使決定不正確,付出的代價並非生死攸關,造成的損害也遠比想像中的小。

▋低風險暴露治療

另一項針對團隊的承諾恐懼症的演練,是在風險較低的情境中,展現果斷力。當團隊缺乏足夠的分析或研究,但在詳盡討論後被迫做出決定;事後通常發現,那時做出的決定,品質比原先預期的好。

更重要的是,團隊成員因此領悟到,即使做了耗費時間的長期研究,做出來的決定不見得就有明顯差異。這不是說研究和分析不必要或不重要,而是犯有這種障礙的團隊,通常高估了它們的作用。

領導人的角色

在所有團隊成員當中,領導人最需要能坦然接受決定錯誤的可能。領導人也必須持續督促團隊,結束議題辯論、進行表決,並且確實履行團隊訂定的時程表。領導人絕對不能太拘泥於取得全體同意。

與障礙 4 的關聯

「缺乏承諾」和下一個障礙「規避責任」,又有

何關聯?要讓成員能彼此糾正不當的行為和做法,必須先弄清,什麼是應有的表現。一個人的責任感再怎麼強,如果遇到必須要求同事對全無共識、或不清不楚的決定負責任,都不免會猶疑不決。

障礙 4:規避責任

當責(accountability)是一個時髦的用語,就像「賦權」(empowerment)和「品質」(quality)一樣,已被過度濫用、導致實質意義喪失。在團隊合作的情境中,當責是指團隊成員願意出面糾正同僚可能危害團隊的作為。

這個障礙與團隊成員不願糾正同僚行為,以免造成人際不安,以及一般人與人為善、避免惡言相向的習性有關。偉大的團隊因為選擇相互挑戰,「不入虎穴,焉得虎子」,因而能克服這些人性中自然的行為傾向。

當然，說比做容易，即使是私人關係親密、高度團結的團隊，都未必能做到。事實上，親密的團隊成員之間，有時正是因為擔心危及珍貴的私人情誼，而對是否要求對方負起責任，猶豫不決。

諷刺的是，當團隊成員開始怨懟彼此表現不佳時，又只會造成關係惡化，團隊的表現水準也每況愈下。偉大的團隊正好相反，會透過成員彼此要求負起責任而強化關係，也藉此表現出對彼此的尊重和高度期望。

即使做法上有些政治不正確，可是要維持團隊的高水準表現，最有效也最省力的手段，就是同儕壓力。連帶的好處還包括，縮減績效管理和糾舉監察所需的龐大行政體系。畢竟，再好的規定或制度，也比不上深怕隊友失望，更能激勵每個人力求更好的表現。

克服這個障礙的建議

團隊如何確保成員肩負起責任？克服這個障礙的

規避責任的團隊

- 造成不同表現水準的成員彼此怨懟
- 鼓勵庸才
- 延誤期限和重要應辦事項
- 過分倚賴團隊領導人擔任唯一的監督者角色

相互要求負起責任的團隊

- 促使表現差的成員在壓力中改進
- 毫不猶豫地質疑彼此的做法,迅速察覺潛在的問題
- 團隊成員間相互尊重,並以相同的標準,彼此要求
- 免除績效管理和糾正不當行為所需的龐大行政系統

關鍵,在於操練下列幾項簡單有效的傳統管理工具。

▌公布目標和行為準則

要讓團隊成員能更容易地要求彼此當責,一個有效的方法,是公開說明團隊需要達成的目標、每個人的權責分配,以及個人應有的行為表現。

當責的大敵,就是含糊不清。即使團隊一開始已誓言要達成某項計劃或遵守一套行為準則,這些決議仍然需要公開宣布,如此一來,就沒人能輕易漠視。

▌簡單且定期地檢討進度

不要輕忽簡要的計劃進度架構,它對促使眾人提起精神、付諸行動大有幫助。團隊成員應該固定以口頭或書面形式,溝通彼此對隊友違反既定目標和標準的感受。如果沒有清楚的期望和規定,一味仰賴團隊成員自動自發,其實是徒增規避責任的可能。

團隊獎勵

團隊可以透過獎勵集體成就而非個人表現，創造出當責的內部文化。因為，團隊不可能眼睜睜看著某位同事的不負責任，導致全體的努力功虧一簣。

領導人的角色

對想要灌輸團隊責任感的領導人而言，最大的挑戰在於鼓勵並放手，讓團隊本身扮演負責任的首要機制。能力強的領導人，難免在不知不覺中，造成組織成員責任感低落，而自己成為團隊內部唯一要求紀律的監督者。

這樣的環境下，團隊成員認定，領導人會督促成員負起責任，因此即使目睹不當行為或做法，也不會毅然出面糾正。

領導人一旦在團隊中創造出當責的文化，就應該退場，扮演團隊懲處的最後仲裁者。這種情況應該不常發生。不過，團隊成員必須明白，當責不等於全體同意某個做法，而只是共同分擔團隊成敗的責任，必

要時，團隊領導人還是會果斷地介入。

與障礙 5 的關聯

負責任和下個障礙「忽視成果」，又有什麼關聯呢？試想一下，如果大家並沒有貢獻己力的壓力，注意力可能就轉到自身的需要、升遷，或所屬部門的發展等方面。當團隊成員的注意力不在集體成果上，主要誘因就是不必負責任。

障礙 5：忽視成果

最後一項團隊障礙，是成員更注意團體共同目標以外的事務。對標榜工作表現的團隊而言，必要的條件是堅持把焦點放在具體明確的目標和清楚設定的成果上。

在此必須強調，成果並不限於獲利、營收或股東報酬率等財務衡量標準。在資本主義經濟環境中，很

多組織最終是以這些專有名詞論成敗。然而，這個障礙所指的成果，定義更廣，並與成果導向的表現有關。

偉大的團隊會明確訂定，在特定期間內將達成的一切計劃。這些目標不僅止於相關的財務衡量標準，而是包括組織中大部分可掌控的近程成果。

所以，獲利可能是企業最終衡量成果的標準，可是高階主管在過程中自我設定的種種目標，更能代表團隊全力追求成果的表現。這些目標最後自然會帶動獲利成長。

如果要團隊成員在成果以外，另覓成就指標，最可能的就是團隊名位和個人名位。

▌團隊名位

對某些團隊的成員而言，光是身為團體的一分子，就已心滿意足。從他們的角度看來，達成特定目標當然值得考慮，但是不值得因此付出重大犧牲。很多團隊就在這種荒謬且危險的名位誘惑下沈淪。

這些團隊不乏利他性的非營利組織。成員逐漸相信，組織使命崇高，足以讓自己的安於現狀變得名正言順。政治團體、學術機構及知名企業，也都很容易罹患這個障礙，因為，成員往往把成功與組織的特殊性劃上等號。

個人名位

這是指一般人傾向提高自身地位或生涯前途，而犧牲團隊。雖然，每個人生來就有自我保護的傾向；但團隊要能有效運作，每個成員必須體認，團體的共同成果，比個別成員的目標更加重要。

這個障礙一旦成形，必然顯而易見；予以革除的必要性，也毋庸置疑。值得注意的是，很多團隊的存在，並非為了追求成果、或是達成有意義的目標，而是只圖存在或存活。對這類團隊，因為缺乏渴望求勝的信念，再多的信賴、衝突、承諾或責任感，都無濟於事。

忽視成果的團隊

- 停滯／無法成長
- 很難打敗競爭對手
- 留不住成就導向的員工
- 鼓勵團隊成員，以自身的前途和個人目標為重
- 容易分心

重視集體成果的團隊

- 留住成就導向的員工
- 個人主義的行為減至最少
- 深切體驗成功與失敗的教訓
- 個別成員能為團隊利益，克制自己的目標或興趣
- 避免干擾，心無旁騖

克服這個障礙的建議

如何確保團隊的注意力集中在成果上？做法是，清楚明訂團隊成果，並且只獎勵對成果有貢獻的行為和做法。

▎公開宣布成果

最令足球或籃球教練頭疼的，莫過於團隊成員公開宣稱，自己的團隊勢在必得，即將贏得下一場比賽。問題是出在這只會激起競爭對手的鬥志，有害無益。話說回來，對大多數團隊而言，公開宣布預期達成的成果，卻大有幫助。

團隊如果願意公開承諾所追求的特定成果，能讓成員比較有幹勁、甚至極度渴望達成那些成果。把「我們會盡力而為」放在嘴邊的團隊，即使不是有意，也正在為自己可能面對失敗，委婉地做好心理準備。

▌根據成果論功行賞

為確保團隊成員把注意力集中在整體成果,有效做法之一,是提出獎勵,特別是獎金,並且須與達到特定結果有關。

當然,金錢誘因不是人類行為的唯一驅動力。可是,如果有人只是因為「有苦勞」,甚至看不到實質成果的情況下,就抱回一大筆獎金,那麼這傳遞的訊息就好似「是否有成果或許不是絕對重要」。

領導人的角色

面對所有障礙,領導人最重要的任務,是在團隊中建立以成果為導向的信念。如果團隊成員意識到,領導人根本不重視成果,就會上行下效。所以,團隊領導人必須客觀無私,只獎勵和讚揚對達成團體目標真正有貢獻的成員。

省思

即使做法有千萬種,團隊合作需要經過長時間、

確實操練一套行為準則,才能具體成型。團隊的成功,與是否精通某些深奧複雜的理論無關,而是要能以罕見的高度紀律和毅力,身體力行一套平實易懂的常識。

更微妙的是,團隊的成功在於充分符合人性。團隊成員承認人性的弱點,因此才能克服妨礙信賴、衝突、承諾、負責任及重視成果的自然傾向。

08

關鍵揭曉

凱思琳了解,強大的團隊需要花時間共處,這麼做有助於團隊釐清含糊紊亂的想法、避免白費力氣、充分溝通,反而省下更多時間。

凱思琳和團隊用在各種例行會議上的時間,每季大約 8 天,平均每個月不到 3 天。整體看來,所佔的時間並不多。

然而,大多數企業的經營團隊,對是否要投入這麼多時間共聚一堂,常常吵成一團,寧可拿這些時間來做些所謂的「正事」。領導經營團隊的方式很多,

凱思琳的做法值得借鏡。

下面說明，她為打造團隊舉辦外地研習後，如何領導部屬，以及所投入的時間分配：

▎年度計劃會議和領導力養成訓練（3天，外地）

　　主題可能包括：預算討論、重要策略計劃說明、領導人才訓練、接班規劃及訊息發布。

▎每季幕僚會議（2天，外地）

　　主題可能包括：主要目標檢討、財務檢討、策略討論、績效討論、重要議題決議、團隊發展及訊息發布。

▎每週幕僚會議（2小時，公司內部）

　　主題可能包括：重要活動檢討、目標進度檢討、銷售檢討、顧客檢討、策略做法檢討及訊息發布。

▎特定主題的臨時會議（2小時，公司內部）

主題可能包括：來不及在每週幕僚會議中討論的策略性議題。

| 後記 |

團隊合作的殊榮

　　2001年，正當本書即將完成之際，駭人聽聞的911事件爆發。就在當時驚恐失措的慘劇現場，美國舉國上下讚佩的應變作為中，一個威力強大且激勵人心的團隊合作典範於焉形成。這是在此必須高度推崇的實例。

　　在紐約市、華盛頓特區及賓州，消防、救難和警察部門人員，不分男女，共同證明了團隊合作可以做到任何個人的集合體，做夢也想不到的表現。

　　在這些緊急救援的專業領域中，團隊成員生活和

工作都在一起,培養出唯有家人堪可比擬的相互信任。眾人因而能在分秒必爭之際,針對應採取的正確做法,展開焦點明確且毫無保留的辯論。因此,當大多數人還需要更多資訊才能付諸行動時,他們卻能在最危急的情況下,迅速做出明快的決定。並在如此緊急的情況下,催迫同僚行動、並負起重任。

他們很清楚,只要有一位團隊成員疏忽懈怠,就可能有人因此犧牲性命。團隊成員的心中只有一個信念:保護他人的生命和自由。

偉大團隊最終的檢驗標準就是成果。想想看,成千上萬的人紛紛逃離紐約世界貿易中心和華盛頓特區的五角大廈之際,救難團隊卻為了援救他們,不惜冒險,甚至為此喪失生命,捨己為人的超凡精神令人感佩。

願上天祝福這個救援團隊,以及他們合力救援的罹難者和生還者。

致謝

這本書的誕生,是團隊共同努力的成果,不僅僅在撰寫過程中,更貫穿了我的求學與職涯歷程。我想向那些在我生命中扮演關鍵角色的人致上謝意。

首先,感謝我人生中第一個團隊的領導人,我的妻子 Laura。謝謝妳無條件的愛,與對我和孩子們始終如一的投入,我的感激無以言表。也感謝 Matthew 與 Connor,雖然你們很快會讀到爸爸的書,但我知道你們肯定還是會比較喜歡蘇斯博士的繪本。你們帶給我無比的喜悅。

接下來,我要誠摯地感謝 The Table Group 的夥伴們,如果沒有你們的點子、修訂與熱情,這本書無法問世。謝謝 Amy 溫和的判斷與直覺、Tracy 的卓越與不懈努力、Karen 的溫暖支持、John 的睿智風采、Jeff 的樂觀智慧、Michele 的洞察力與幽默,以及 Erin

富有朝氣的真誠。你們投入的深度與品質總讓我感動與驚嘆。我從你們身上學到比任何團隊更多關於真正合作的意義，感謝你們的付出。

我也感謝我的父母給我的支持與愛。你們一直為我提供情感上的安全網，讓我敢於冒險與追夢。你們給了我很多你們自己從未擁有的東西。

謝謝兄弟 Vince 的熱情、執著與關心。

謝謝姊妹 Ritamarie 的智慧、愛與耐心，隨著時間我愈來愈感覺它們的珍貴。

感謝我眾多的親戚與姻親，Lencioni 家族、Shanley 家族、Fanucchi 家族與 Gilmore 家族。雖然我身處遠方，你們的關心與溫情仍對我意義深遠。

也感謝 Barry Bell、Will Garner、Jamie Carlson 與 Kim Carlson、Bean 一家、Ely 一家以及 Patch 一家，多年來你們的關心與友情讓我心懷感激。

感謝我職涯中曾遇到的各位經理人與導師。Sally DeStefano，謝謝妳的信任與優雅。Mark Hoffman 與 Bob Epstein，感謝你們的信賴。Nusheen Hashemi，謝

謝妳的熱情。Meg Whitman 與 Ann Colister，感謝妳們的建議與指引。Gary Bolles，謝謝你的鼓勵與友誼。

感謝 Joel Mena 的熱情與愛。感謝 Rick Robles 的指導與教導。還有那些曾在永援聖母學校（Our Lady of Perpetual Help School）、Garces 高中與克萊蒙麥肯納學院（Claremont McKenna College）教導我的老師與教練們。

也感謝這些年來合作過的眾多客戶，謝謝你們的信任，以及對打造健康組織的承諾。

我要特別感謝我的經紀人 Jim Levine，謝謝你那謙遜卻堅持卓越的態度，正如我妻子所說，你是個「謙虛又嚴格的鞭策者」。也感謝我的編輯 Susan Williams，謝謝妳的熱情與彈性。感謝 Jossey-Bass 與 Wiley 出版社團隊，謝謝你們的堅持、支持與承諾。

最後，也是最重要的，我將所有的感謝獻給上帝聖父、聖子與聖靈，因祂們成就了如今的我。

國家圖書館出版品預行編目（CIP）資料

克服團隊領導的五大障礙：洞悉人性、解決衝突的白金法則／派屈克・蘭奇歐尼 (Patrick Lencioni) 著；邱如美譯 . -- 第三版 . -- 臺北市：天下雜誌股份有限公司, 2025.06
272 面；14.8×21 公分 . -- （天下財經；582）
譯自：The Five Dysfunctions of A Team: A Leadership Fable.
ISBN 978-626-7713-10-5（平裝）

1. CST: 企業領導　2.CST: 組織管理

494.2　　　　　　　　　　　　　　　　　114005138

天下財經582

克服團隊領導的5大障礙
洞悉人性、解決衝突的白金法則
The Five Dysfunctions of a Team: A Leadership Fable

作　　者／派屈克・蘭奇歐尼（Patrick Lencioni）
譯　　者／邱如美
封面設計／Javick工作室
內頁排版／邱介惠
責任編輯／傅叔貞、方沛晶、李育珊、呼延朔璟

天下雜誌群創辦人／殷允芃
天下雜誌董事長／吳迎春
出版部總編輯／吳韻儀
出　版　者／天下雜誌股份有限公司
地　　址／台北市104南京東路二段139號11樓
讀者服務／（02）2662-0332　傳真／（02）2662-6048
天下雜誌GROUP網址／http://www.cw.com.tw
劃撥帳號／01895001天下雜誌股份有限公司
法律顧問／台英國際商務法律事務所・羅明通律師
製版印刷／中原造像股份有限公司
總　經　銷／大和圖書有限公司　電話／（02）8990-2588
出版日期／2004年05月15日第一版第一次印行
　　　　　2014年09月05日第二版第一次印行
　　　　　2025年06月23日第三版第一次印行
定　　價／400元

THE FIVE DYSFUNCTIONS OF A TEAM: A Leadership Fable by Patrick Lencioni
Copyright © 2002 by Patrick Lencioni
Complex Chinese translation copyright © 2025 by CommonWealth Magazine Co.,Ltd.
Published by arrangement with authoor c/o Levine Greenberg Rostan Literary Agency
through Bardon-Chinese Media Agency
ALL RIGHTS RESERVED

書　號：BCCF0582P
ISBN：978-626-7713-10-5

直營門市書香花園　地址／台北市建國北路二段6巷11號　電話／02-2506-1635
天下網路書店　shop.cwbook.com.tw　電話／02-2662-0332　傳真／02-2662-6048
本書如有缺頁、破損、裝訂錯誤，請寄回本公司調換

天下 雜誌出版
CommonWealth
Mag. Publishing